本书系浙江树人学院学术专著系列图书

本书系浙江省现代服务业研究中心学术专著系列图书

本书受浙江树人学院专著出版基金资助出版

本书受浙江省现代服务业研究中心著作出版基金资助

本书为 2022 年度浙江省现代服务业研究中心开放基金重点项目
“供需匹配视角下 0—3 岁婴幼儿托育服务效率及影响因素研究”
（课题批准号：SXFJZ202204）阶段性研究成果

本书为 2022 年度浙江省教育厅一般科研项目
“数字赋能助力浙江省智慧托育服务发展研究”
（课题批准号：Y202250151）阶段性研究成果

本书为 2021 年浙江树人学院校级科研计划（引进人才启动项目）
“家政学视角下职业母亲主观幸福感研究”
（课题批准号：2021R015）阶段性研究成果

INFANT AND CHILD CARE FOR 0–3 YEARS OLD

THEORY, PRACTICE AND SOCIAL SUPPORT

0—3岁婴幼儿照护

理论、实践与社会支持

彭 玮——著

·杭州·

图书在版编目（CIP）数据

0—3岁婴幼儿照护 ：理论、实践与社会支持 / 彭玮著. --杭州 ：浙江大学出版社，2025. 3. -- ISBN 978-7-308-25623-0

Ⅰ. TS976. 31；R174

中国国家版本馆CIP数据核字第2024ZJ5430号

0—3岁婴幼儿照护：理论、实践与社会支持

彭 玮 著

责任编辑 马一萍
责任校对 陈逸行
封面设计 雷建军
出版发行 浙江大学出版社
（杭州市天目山路148号 邮政编码310007）
（网址：http://www.zjupress.com）
排 版 杭州晨特广告有限公司
印 刷 杭州宏雅印刷有限公司
开 本 710mm×1000mm 1/16
印 张 13.75
字 数 200千
版 印 次 2025年3月第1版 2025年3月第1次印刷
书 号 ISBN 978-7-308-25623-0
定 价 78.00元

序

在日新月异的时代洪流中，每一个新生命的诞生都如同明亮星辰划破夜空，照亮了父母生活的全新维度。孩子的成长不只是生理机能的逐步成熟，更是一次灵魂深处的觉醒与转变，而伴随孩子成长的每一步，父母的情感旅程同样蜿蜒曲折，满是无尽的探寻与期盼。

从新生婴儿的第一声啼哭开始，父母的心便与孩子紧密相连，那份初为父母的喜悦仿若沐浴着世间的光辉。望着那小小的生命，父母的心中充满了无尽的温柔与爱意。然而，随着孩子的日益成长，父母的心理亦变得更加微妙而复杂。在孩子成长的不同阶段，会遇到诸如疾病侵袭、意外伤害以及认知发展阶段的困扰等各种挑战，每一个难关都需要父母凭借智慧和持久的耐心去攻克。父母要学会洞悉孩子的内心需求，引导他们朝着健康的方向稳步迈进。孩子的成长不是竞技场上的比赛，而是一场悠远的人生旅行。父母需陪伴其左右，带领他们欣赏成长旅途中的风光变幻，感同身受他们的喜怒哀乐，还需学会适时放手，鼓励孩子勇敢地探索未知世界，追求属于他们的梦想。唯有如此，父母才能扮演好引路人的角色，与孩子共同走过这段成长的旅途。

父母在孩子的成长过程中也会遇到迷茫与困境。比如，可能由于过分关注孩子的生长指标而忽视了他们的成长节奏，可能出于过度保护而无意间限制了孩子自由探索和发展的空间。在孩子的生命画卷中，父母的育儿体验宛如一部满载酸甜苦辣的长篇叙事诗。每一个阶段的过渡，每一次转折的发生，都饱含着父母辛勤付出的印记、涌动的情感波动以及珍贵的欢笑瞬间。

爱，是父母育儿旅途中最核心的主题。爱孩子，不仅仅是因为血脉相承，更是因为他们是人类生命的奇迹，父母愿意为他们付出一切。但爱并不意味着无条件地纵容，而是需要父母在适当的时候给予引导，帮助他们树立正确的价值观和人生观。责任，为人父母不可或缺的要素。父母肩负着培养孩子成才的重任，需要为他们提供良好的教育环境，需要关注他们的身心健康，需要引导他们走向正确的道路。尽管在孩子的成长过程中，父母也会不可避免地遇到各种挑战和困惑。有时候，父母会对孩子的行为感到无法理解；有时候，父母会对自己的教育方式感到迷茫。但正是这些挑战和困惑，促使他们不断学习和成长，逐渐成为更好的父母。

孩子的成长只有一次，他们的童年时光转瞬即逝。父母要学会与孩子相处，用心去感受他们的成长变化，用心去倾听他们的心声。希望通过这本书，父母们能够更深入地了解自己的孩子，更明智地应对育儿过程中的挑战与困惑，能够与孩子一同成长，一同前行。希望这本书能够引发读者对于孩子成长和父母角色的深入思考。

最后，用杜威的语录作为本序的结尾："我们教育中将引起的变化是重心的转移。这是一种变革，这是一种革命，这是和哥白尼把天文学的中心从地球转到太阳一样的那种革命。这里，儿童是中心，教育的措施便围绕他们而组织起来。"在未来的日子里，愿每一位父母都能在孩子的成长路上收获满满的幸福感和成就感。

朱红缨

2024 年 8 月 28 日

前 言

一提到孩子，人们的脑海里就会浮现出天真稚气、活泼可爱的形象。尤其是作为孩子的父母，想起某些有趣的情景，总是会忍俊不禁或心生爱意。从古至今，皆是如此，如辛弃疾《清平乐·村居》中的“最喜小儿亡赖，溪头卧剥莲蓬”，又如白居易《池上》中的“小娃撑小艇，偷采白莲回”。文学家左思的《娇女诗》更是通过剪裁日常生活中的几个场景，“从容好赵舞，延袖象飞翮。上下弦柱际，文史辄卷襞”，写出了两个女儿幼年逗人喜爱的娇憨，同时也写出了两个女儿令人哭笑不得的天真顽劣，展露了幼女无邪无忌的纯真天性，流露出慈父的无限怜爱。

作为父母，恐怕谁都无法忘怀孩子降生的情景。那种喜悦之情涌入心头，仿佛荡漾在春水里。尤其是看到小婴儿圆圆亮亮的眼睛、白白胖胖的小脸蛋，想必没有父母能抵挡住这种可爱。难怪会有“捧在手里怕摔了，含在嘴里怕化了”之说。然而，美好总是短暂的，在经历过孩子初生的短暂欣喜后，如何养育孩子则是更为长久而艰难的挑战。新生儿容易昼夜颠倒作息没有规律，还总是爱哭闹，他们的“吃喝拉撒”都需要家长24小时全程精心照护。假若遇上个小病小灾，更是让父母操碎了心，真是“辛勤三十日，母瘦雏渐肥”。

近年来，随着我国新生儿出生率逐年递减的问题日益凸显，0—3岁婴幼儿的照护问题受到了党和国家的高度重视，成为关乎民生福祉的重要内容，国家相继出台了一系列的政策措施。这引起了大家的广泛关注和讨论，比如，《中国新闻周刊》在“知乎”平台上发布的问题“你会考虑生三孩吗?”得到了上千位网友的否定回答。探究出生率下降的原因，大多数人都认为孩子的照护和教育都需要耗费大量的时间和精力。再加上当前教育日益“内卷”，孩子生下来不是给他/她吃饱穿暖就可以了，还需要进行智力开发、品德培养、才艺训练等。如此这般，让很多适龄夫妇对生育这件事情望而却步。生育率以及生育意愿的降低，某种程度上反映出当代适龄婚育青年对养育孩子更深刻的思考。

在当前社会背景下，年轻一代父母在 0—3 岁婴幼儿照护领域面临着多维度、复杂化的现实挑战，这些挑战深刻反映了时代变迁对家庭结构与育儿模式的影响。首先，核心问题在于父母对于婴幼儿科学照护知识的匮乏，这直接关系到婴幼儿健康成长的基础。其次，家庭内部辅助育儿力量的缺失，加剧了年轻父母独自承担育儿重任的困境。而且，育儿责任与职业发展无法平衡是现代家庭普遍面临的难题。此外，社会支持不足进一步限制了家庭在育儿资源上的选择空间。例如，聘请可靠的“育儿阿姨”成本高、难度大，市场上的优质早教机构费用高昂、令家庭难以负担。这一系列的问题不仅体现了育儿过程中的艰辛，也凸显了当代父母在追求高质量育儿的同时所面临的经济与社会压力。

面对生育率下降和育儿挑战，我们需要从多个层面出发，采取综合措施，为年轻父母提供全方位的支持。本书希望通过育儿理论指导、真实的育儿案例分析和科学建议，为年轻父母在育儿道路上提供有益的参考和帮助，同时也为政策制定者提供宝贵的视角和建议，也希望各方共同努力，创造一个更加友好和更具支持性的育儿环境。

目 录

第一章　导　论

本书深入探讨了 0—3 岁婴幼儿的照护问题，从政策与制度分析入手，通过国际视角深入分析典型福利国家的婴幼儿照护政策与制度，并回顾了我国婴幼儿照护服务的历史演变，剖析了当前服务体系的特点及面临的挑战，为我国完善婴幼儿照护服务体系和相关的政策制定提供理论参考。书中围绕婴幼儿发展的核心理论，详述了婴幼儿在生理和心理层面成长发育的基本规律和特点，提出了科学可行的照护原则，为广大读者提供婴幼儿照护的理论依据与实践指导。通过国内外 0—3 岁婴幼儿照护的真实案例，生动呈现了父母在育儿过程中的独特体验与内心感悟，展示了日常照护的具体场景，反映了不同育儿理念之间的交流与融合，为读者提供了丰富的实践经验。此外，通过对国内外婴幼儿照护的社会支持体系的比较，分析了政策支持、服务架构及资源分配等方面的差异，为未来的改革提供有价值的借鉴。书中还详细介绍了婴幼儿照护中的健康维护、安全保障、早期教育及全面发展等核心议题，为家长及专业人士提供了全面、具体且易于操作的指南，确保照护实践的科学性与有效性。最后，在总结现有照护情况的基础上，探讨了未来的发展趋势与潜在挑战，并针对现有的问题提出了具体的改进建议，旨在优化婴幼儿早期生活环境，帮助父母更加从容地度过育儿过程中的各个阶段。本书不仅展现了学术研究的价值，也表达了对婴幼儿健康成长的深切关怀，并为我国构建更加全面、高效、公平的婴幼儿照护服务体系提供了思路与方向。

在探讨 0—3 岁婴幼儿照护的议题时，笔者通过多视角与多种研究方法的结合，构建了全面的分析框架。

首先,运用文献综述法追溯中国婴幼儿照护服务的历史脉络,梳理其发展历程中的关键节点与演变趋势。通过对典型福利国家托育政策与制度的深入分析,总结国际上的成功模式与先进理念,为中国婴幼儿照护服务的未来发展提供宝贵的国际视野与经验借鉴。

本书的第一章、第二章和第三章主要运用文献综述法灵活运用多元化的资料搜集手段,对复杂的社会现象展开全面而深入的探索。这一过程强调通过归纳法系统地分析数据,并在此基础上构建理论框架,其核心在于通过与研究对象的直接互动,深入解析其行为模式与内在意义,从而达到一种解释性、理解性的洞察。

质性研究的研究思想不是来自一种哲学、一个理论或一类研究传统,而是广泛吸纳了多元思想流派、理论观点及研究方法论的精髓,跨学科的性质犹如一棵枝繁叶茂的参天大树,根系深植于不同学科领域的肥沃土壤,展现出丰富的分枝与蓬勃的生命力。因此,质性研究不仅是一种方法论的实践,更是学术探索中一种兼容并蓄、开放包容的思维方式,为理解社会现象的多样性与复杂性提供了独特而深刻的视角[①]。常见的质性研究方法包括深度访谈、参与性观察、行动研究、传记体研究、个案研究、会话分析、文本分析、话语分析、民族志、民族方法学、野外实地考察、焦点小组或分组座谈会、框架分析、诠释学方法、生活分析、叙事研究、现象学、现象描述学、扎根理论研究法等。

本书的第四章和第五章采用质性研究的深度访谈法和个案研究法,深入剖析国内外0—3岁婴幼儿父母在照护过程中的真实体验与心路历程。这些案例不仅丰富了研究的素材,更通过细致入微地描绘,揭示了婴幼儿照护的多样性与复杂性,为理解并解决实际问题提供了生动而具体的参照。通过个案访谈法,直接倾听婴幼儿家长的心声,深入了解他们的实际需求与面临的挑战。这些一手资料为制定更加贴心、有效的照护策略提供了坚实的数据支撑,同时也为政策制定者提供了宝贵的民情反馈。

---

① 陈向明.质性研究与社会科学研究方法[M].北京:教育科学出版社,2000:5-6.

此外，还综合运用跨学科研究方法，将心理学、教育学、社会学等多个学科的知识与方法有机融合，为婴幼儿照护研究提供了更为宽广的视野与更为丰富的分析工具。这种跨学科的整合不仅深化了对婴幼儿照护问题的理解，也促进了理论创新与实践应用的紧密结合。

在质性研究方法中，"目的性抽样"是一种常见的策略，用于选择那些最能提供有价值信息的样本。这意味着研究人员会选择那些能够最好地揭示和解答研究问题的个体或情境。陈向明教授在其著作中强调，样本的选择关键在于其是否具备实现研究目标的内在特性与功能。尽管质性研究的样本规模通常较小，有时甚至只涉及单个案例，但抽样过程必须注重针对性和深度，确保所选样本能够提供丰富且深入的研究洞见①。因此，本书在选择婴幼儿照护实例时，运用了国际比较的方法，选取居住在不同经济发展水平、文化和社会福利体系地区的婴幼儿父母作为访谈对象，深入了解他们在育儿过程中的真实照护经历，探究其在育儿实践中的日常体验、情感体验以及对儿童培养理念、教育策略、亲子关系认知及子女未来展望等核心育儿观念的理解、态度与实践。

为确保研究的科学性与有效性，访谈对象需满足以下条件：①育有至少一名0—3岁的婴幼儿；②对研究问题具备足够的思考与分析能力，能够准确理解并回应调研内容；③自愿且能够详细、清晰地分享其托育过程中的个人体验与内心感受。依托笔者在国内外学习、生活及旅居期间建立的人际网络，成功联系并征得几对居住于不同国家和地区、育有0—3岁婴幼儿的父母的参与同意。访谈采用半结构化的形式，旨在保持灵活性的同时，又能确保关键信息的全面覆盖。鉴于地域限制及新冠疫情期间出行不便，访谈主要依托线上视频或语音会议进行，每次访谈时长约1小时。考虑到婴幼儿成长过程的动态性与连续性，本研究采用了纵向追踪的设计，即在研究周期内分多次对被试进行访谈，以记录父母在陪伴子

---

① Patton M Q. Qualitative Research & Evaluation Methods[M]. 吴芝仪，李奉儒，译. 嘉义：涛石文化，2002：142-143.

女成长过程中的内心体验、心得体会及反思总结，从而完整、真实地呈现婴幼儿家庭的生命故事与婴幼儿的成长轨迹。

基于以上条件，本书选取的访谈对象分别居住在中国浙江省的杭州市与绍兴市、江西省宜春市，以及法国波尔多市、日本横滨市和熊本市、加拿大多伦多市、瑞典斯德哥尔摩市和韩国首尔市。每个家庭指定一位母亲或父亲作为核心受访者。受访者的选择充分考虑了代表性与多样性，他们均展现出开朗健谈的性格特质，能够就相关问题提供丰富且深刻的反馈。受访者群体覆盖了不同角色背景，如跨文化养育的父母、身处异国他乡的全职母亲，以及兼顾育儿的职业人士，这些差异化的角色定位丰富了研究视角的广度与深度。多数受访者均出生于 20 世纪 80 年代末至 90 年代初的中国，这一代人普遍受到"计划生育"政策的影响，多为独生子女或仅有少量兄弟姐妹。相较于前辈，他们在更加优渥的环境中成长，接受了更为全面与高质量的教育，因此在婴幼儿照护领域持有独特而深刻的见解与理念。在征得受访者同意后，以下将简要介绍各婴幼儿家庭及主要受访父母的基本情况（见表 1-1），为保护隐私，所有研究对象均以化名形式呈现。

杨梦婷：30 岁，籍贯江西，本科学历，现居住在宜春市的一个县城，原本是一名乡镇公务员，第一次接受访谈时她的儿子 2 岁，访谈结束时获得了调岗的机会，回到了县城机关工作。丈夫同为当地人，在县城一家事业单位上班，现在一家三口住在孩子的外公外婆家中，有时候也回孩子爷爷奶奶家中居住。孩子的主要看护人为杨梦婷的妈妈和雇佣的阿姨。

郭婷：40 岁，籍贯山西，研究生学历，现定居于杭州市，育有一个 2 岁的女儿，为某高校教师。丈夫籍贯山东，32 岁，访谈时在一家互联网企业工作，后自己创业。现在一家三口和她的妈妈 4 人同住在一起。郭婷的妈妈是孩子的主要照护者。

钱园：32 岁，籍贯江西，本科学历，现居住在绍兴市，是一名服装设计师，大女儿 5 岁，小女儿 2 岁。丈夫与其同龄且二人为初中同学，同在绍兴从事服装销售方面的工作，采访时其大女儿在老家由外婆照护，小女儿由其婆婆照护并与他们夫妻俩一起住在绍兴。访谈结束时，钱园辞职回到家乡，专心照顾两个女儿。

张玲玉：31岁，籍贯山西，本科学历，现定居在日本熊本市，在日本居住已有5年，儿子2岁。丈夫同为中国山西人，经常出差，在日企从事技术方面的工作。目前是全职妈妈，利用孩子上托育园的时间做兼职工作。

赵星：31岁，籍贯湖北，研究生学历，现定居在法国波尔多市，在法国生活了7年。有一位法国丈夫，育有一儿一女，大儿子6岁，小女儿3岁。目前是全职妈妈，丈夫是当地的工程师。

王乐乐：28岁，籍贯广东，研究生学历，定居加拿大多伦多市，在加拿大生活了7年，公司职员，目前在休产假。近期因丈夫前往瑞典从事博士后工作而举家搬迁到斯德哥尔摩市。丈夫同为中国人，儿子1岁。孩子目前主要是由王乐乐夫妇二人抚养。

李林峰：27岁，籍贯四川，研究生学历，现定居在日本横滨市，有一位日籍妻子，儿子8个月。目前为日本一家IT企业员工。妻子生育前为公司职员，访谈时其妻子正在休产假。

金善贤：40岁，韩国人，研究生学历，现定居在韩国首尔。丈夫也为韩国人，儿子1岁。目前是一名中学的中文教师，丈夫是公司职员。孩子的主要看护人为母亲和外婆。

表1-1　访谈对象基本信息

基本信息		频数	有效占比/%
性别	男性	1	12.5
	女性	7	87.5
出生年份	1980—1989	2	25.0
	1990—1999	6	75.0
子女数量	1个	6	75.0
	2个	2	25.0
生育家中最小子女时的年龄	25—29	2	25.0
	30—35	4	50.0
	35—40	2	25.0

续表

基本信息		频数	有效占比/%
居住地	日本横滨市、熊本市	2	25.0
	法国波尔多市	1	12.5
	加拿大多伦多市和瑞典斯德哥尔摩市	1	12.5
	韩国首尔市	1	12.5
	杭州市	1	12.5
	绍兴市	1	12.5
	宜春市	1	12.5
受教育程度	本科	4	50.0
	硕士	3	38.5
	博士	1	12.5
所从事工作	教师	2	25.0
	公司职员	3	38.5
	公务员	1	12.5
	家庭主妇	2	25.0
家庭结构	主干家庭	3	38.5
	核心家庭	5	62.5
婴幼儿主要照护人	父母	4	50.0
	祖辈	4	50.0

通过以上分析,我们可以看出这些个体在性别、子女数量、居住地、教育背景、职业和家庭结构等方面的多样性。这些信息有助于我们理解不同文化和地区背景下女性的生活状况和家庭环境。同时,也反映了全球化背景下人们生活方式的多样性和流动性。

为了解和掌握更多 0—3 岁婴幼儿父母的照护体验,总结受访者照护婴幼儿时的现状特点,探究具有普遍性的规律,本书还在"小红书"这一社区平台,对发表过关于 0—3 岁婴幼儿照护内容的用户进行线上访谈。这些用户发布的内容帖和访谈中的宝贵见解,共同构成了本书研究的补充材料，为读者提供了更为丰富、实用的参考信息。在选取发布在“小红书”上的一些与婴幼儿照护相关的内容帖前，研究者先通过申请与发布者成为平台好友，告知本研究的目的和用途，在获得内容发布者的同意后使用相关内容。应发布者本人的意愿，文中人物均采用了化名以保护其隐私。和大部分的育儿类平台不同，“小红书”平台是以社区平台起家的，涉及了日常生活的美妆、旅游、家居、育儿等方方面面，具有显著的实际价值和方法论优势，如：①真实性与实时性，“小红书”以其用户原创内容为主，用户在平台上分享的0—3岁婴幼儿照护经验是他们在实际生活中的亲身经历，反映了当下年轻父母育儿观念、方法和面临挑战的真实情况，这样的数据来源有助于研究者获取一手的、鲜活且贴近现实的育儿体验资料。②广泛代表性，鉴于“小红书”庞大的用户基数，尤其是其中包含了大量80后和90后的父母用户，这与当前婴幼儿父母主力军高度重合，使得研究结果更有可能反映这一代父母在婴幼儿照护方面的共性特征和个性化需求。③互动性与多元性，“小红书”社区的互动特性使得研究不仅可以获取单个用户的育儿心得，还可以通过用户之间的讨论和反馈，探索育儿观念的传播、冲突与融合现象，揭示出不同育儿理念下的照护策略及其对社会的影响。④时代性与潮流性，随着社会发展和技术进步，新生代父母在育儿过程中可能展现出不同于传统育儿模式的新特点，“小红书”这类社交平台正是探寻这种变化趋势的流行程度和实施效果的理想场所，例如“松弛感育儿”“精简式育儿”等新型育儿观念。

本书的目标读者群体广泛，包括婴幼儿父母、婴幼儿照护领域的专业人士、教育工作者、政策制定者，以及关注婴幼儿健康成长的社会各界人士。本书旨在为婴幼儿父母提供实用信息和建议，帮助他们应对育儿挑战，通过育儿技巧、成功案例和可用资源的支持，增强父母的信心；同时为婴幼儿照护服务提供者提供指导，帮助他们提升服务质量，满足婴幼儿的身心发展需求，了解最新的照护技术和方法；此外，本书也为社会科学领域的学者提供了研究材料和理论支持，通过丰富的案例研究促进学术交流与跨学科研究，推动理论创新与发展；最后，本书为政策制定者提供了婴幼儿照护现状的第一手资料，并提出具体的政策建议，包括财政支持、法规修订等内容，同时分享不同地区和文化背景下成功的照护服务案例及其原因，帮助他们了解当前领域的主要问题及成因，探索更有效的政策框架。

总之，本书旨在促进婴幼儿健康成长、改善照护服务质量、提升年轻父母育儿能力，希望通过为不同目标读者群体提供有价值的信息和建议，从而为解决婴幼儿照护问题作出贡献。

第二章　国内外 0—3 岁婴幼儿照护的政策与发展现状

第一节　典型福利国家的婴幼儿照护政策和制度

在全球范围内，针对 0—3 岁婴幼儿的照护服务已经成为各国制定生育政策时的重要考量，并逐渐被视为公共服务体系中的关键组成部分。联合国教科文组织在 21 世纪初期发布的《达喀尔行动纲领》中强调，儿童早期的照护与教育是实现全面教育目标的关键要素，突出了其对于儿童成长和社会公平、包容性发展的核心作用。这一理念不仅提升了早期照护服务的重要性，也促进了各国政府和社会各界力量对婴幼儿照护的重视和支持，共同促进其发展与进步。自 2001 年起，经济合作与发展组织(OECD)开始发布一系列名为"Starting Strong"的报告，探讨成员国在婴幼儿保育及教育方面的情况和发展趋势，并提出政策建议以提高服务质量。不同的国家根据自身特点选择了多样化的发展路径：一些国家如美国和英国更倾向于利用市场机制提供服务，同时给予政府层面的支持；而像丹麦和冰岛这样的国家，则更加重视政府主导的角色[①]。

随着全球对婴幼儿照护服务的重视程度不断提升，多国政府相继推出了专门的政策措施来促进婴幼儿照护和早期教育的发展。比如，美国

---

① 杨雪燕，高琛卓，井文. 典型福利类型 0—3 岁婴幼儿照护服务的国际比较与借鉴[J]. 人口与经济，2019(2)：1-16.

自 1965 年起开始实施“开端计划”(Head Start)，为贫困家庭的孩子提供免费的早期教育机会；加拿大在 1983 年制定了《儿童托育法案》，强化了教育部在这方面的管理职能和标准设定[①]；韩国在 1991 年通过了《婴幼儿保育法案》，将 0—3 岁婴幼儿的保育与教育也纳入学前教育体系，凸显出对婴幼儿成长与教育的关注；英国于 2005 年制定了《早期基础阶段规划》，作为指导照护服务发展的纲领性文件，对提升服务质量与规范行业发展起到了关键作用，并从 2017 年起为所有 2 岁幼儿提供每年长达 600 小时的免费保育和教育服务，进一步彰显了其对婴幼儿照护的承诺；澳大利亚于 2009 年颁布了《儿童早期教育和保育国家质量框架》，并于 2012 年正式施行，该框架建立了一个全面且可操作的婴幼儿照护服务质量保障体系。面对日益严重的“少子化”挑战，日本修订了《儿童及育儿支援法》，自 2019 年 10 月起为符合条件的婴幼儿提供免费的公立照护服务，旨在鼓励生育并强化家庭育儿支持。挪威政府将婴幼儿照护服务视为其福利体系的关键部分，出台了《安全的父母—安全的孩子：支持父母育儿国家战略规划(2018—2021)》，通过优化休假制度、增加经费投入、提供信息和专业支持等多方面措施，帮助父母成为更优秀的照护者，营造出了一个有利于儿童发展和家庭和谐的社会环境[②]。

自 20 世纪 60 年代起，全球范围内，无论是发展中国家还是发达国家，均将目光投向了贫困儿童、特殊需求儿童等社会弱势群体，通过制定和实施专门的照护服务政策，努力为这些儿童构建一个促进其全面发展的支持性环境。此举不仅旨在缓解社会内部矛盾，更是对社会公平原则的深刻践行。随着国际组织和各国政府对照护服务认识的不断深化，0—3 岁婴幼儿照护服务的重要性已超越个体层面，成为关乎家庭和谐、社会稳定乃至国家整体竞争力的关键因素。众多国家和地区正以前所未有的

---

① 时扬．婴幼儿托育服务政策的国际比较及对我国的启示——以美英日澳四国为例[D]．上海：华东师范大学，2019．

② 杨廷树，洪秀敏．帮助父母成为最好的照护者：挪威父母育儿支持战略及启示[J]．河北师范大学学报(教育科学版)，2023，25(3)：133－140．

力度，推动照护服务的普及与优化，确保每位儿童都能享有平等的照护权利与机会。

下面，我们将聚焦几个具有代表性的福利国家，深入剖析其托育政策和制度设计。这些国家通过构建完善的法律框架、投入充足的公共资源、创新服务模式等措施，不仅有效提升了照护服务的质量与可及性，更为全球范围内的照护服务发展树立了标杆。通过分析这些成功案例，我们可以获得宝贵的启示与经验，进一步推动我国婴幼儿照护服务事业的进步与发展。

一、美国婴幼儿照护服务政策的历史沿革和内容体系

美国在婴幼儿照护服务领域起步较早。最初，政策的焦点是改善贫困家庭儿童的养育状况，旨在缩小社会经济差距，促进社会稳定。通过针对性的支持措施，政府希望不仅能够改善弱势群体的生活条件，还希望能为所有儿童创造更加公平的成长环境。美国婴幼儿照护服务政策经历了四个主要发展阶段。

(1)初创阶段(19世纪30年代至20世纪初)：美国婴幼儿照护服务始于19世纪30年代出现的日间托儿所和育幼园[①]。这些设施最初由富人和慈善团体创立，以援助贫困劳工和移民家庭，尤其是那些因工业化进程加速和移民人数激增而无法亲自照顾孩子的女性。随着日托需求的增长，日间托儿所联盟作为首个全国性托育管理机构应运而生，负责协调和管理国内的社会性照护服务机构。同时，源自欧洲的蒙台梭利教育思想、福禄贝尔教育理念，以及随后的进步主义思潮相继传入美国，极大地影响了美国早期教育的发展，推动了幼儿园、保育学校、日托所、儿童中心的兴起，标志着美国早期照护服务体系的初步建构。

(2)发展阶段(20世纪30年代至90年代)：二战期间，美国大量女性投身军工生产，导致婴幼儿照护成为突出的社会问题。1941年，《郎哈姆

---

① 林秀锦.美国的早期保育与教育[M].南京：江苏教育出版社，2006：2.

法案》开始实施，集中照护受战争影响的婴幼儿，给身处困难的家长们提供支持与帮助①。战后，虽然这些临时托育机构解散了，但女性重返职场的意愿增强，社会对长期、正规托儿服务的需求持续增长。特别是1934年大萧条时期，联邦政府设立了临时托儿所，为失业家庭的孩子提供免费照护服务。这一时期，照护服务逐步扩展，开始兼顾儿童的日常生活照料与基础认知教育。伴随着社会进步和经济发展，照护服务得到政策法规的有力推动，逐渐走向制度化和法治化。例如，《1956年社会安全法案修正案》规定，应为在职母亲提供婴幼儿照护服务。随后，在1960年，联邦政府决定资助各州开展托育项目，并要求各州通过立法确保服务实施。尤其值得关注的是，始于1965年的"开端计划"，该计划致力于为经济困难家庭的儿童提供全面的服务，包括健康检查、日常照护以及早期教育等，极大地提升了经济困难家庭儿童的生存质量及教育水平。至20世纪70年代，针对3岁以下婴幼儿的照护服务机构开始在大学内设立，起初主要用于婴幼儿发展研究，随着女性就业率的上升和科学研究对婴幼儿早期教育价值的深入揭示，联邦政府制定了一系列针对0—3岁婴幼儿照护发展的政策，有力地推动了婴幼儿照护服务事业的快速发展。

(3)成熟阶段(自20世纪90年代至今)：进入90年代，美国联邦政府加大对婴幼儿照护服务的扶持力度，通过财政资助的形式推动该领域的深入研究，并实施了一系列涵盖家庭、特殊需求儿童、早期教育师资培养、教育质量标准、社区参与及托育机构等多方面的政策和计划。在1995年，"开端计划"进一步延伸，推出了面向婴幼儿的"早期开端计划"(EHS)，这是一个包含健康促进、营养保障、儿童发展、社会支持及亲子互动等多种服务的项目。此项目首次提出了为婴幼儿提供综合性社会服务的概念，其中指出照护服务并非仅是个体或个别机构的责任，而是需要全社会共同参与的任务，从而使得照护服务更广泛地渗透到公众生活中，推动其迅猛发展。与此同时，"早期开端计划"突破性地引入了亲子教育，

① 霍力岩. 比较幼儿教育[M]. 台北：五南图书出版，2002:38.

视家庭为婴幼儿教育的核心场域，鼓励家长共同参与教育过程，政府则通过各种培训与研讨会提升家长的育儿观念与技能。随着照护服务的持续演进，社区的角色也愈发重要。州政府将婴幼儿照护中心设在社区内，配备专业教师团队与指导人员，并提供家访服务，以此实现了照护服务的普及与全民受益。1998年，国会通过儿童保育和发展基金（CDF）的专门拨款，支持婴幼儿照护服务的全面发展，这包括技术支持、专业培训、教育环境优化、早期学习框架的制定、补贴增加、资格证书发放，以及婴幼儿教育专家的培养等方面。同时，联邦政府加强了对照护服务质量的监管，促使各州建立起严密的托育质量监督机制，全面检查和评价托育机构的教师专业水平、环境设施、教学内容等关键要素。全美幼儿协会（NAEYC）的全面质量评级系统（QRIS）作为权威评估工具，包含了师生互动、课程规划、家庭教师沟通、教师资质提升、管理效率、师资配置、教育标准、设施环境、安全健康、营养服务、评价机制等11个评价领域。此外，美国还通过设定早期学习标准、课程大纲、教师资格门槛、入职培训、带薪产假等福利政策，以及为有特殊需求的儿童提供个性化服务等多种措施，持续提升婴幼儿照护服务的品质。目前，美国已形成了一个内容完善的婴幼儿照护服务体系，重点解决贫困家庭儿童的托育问题，并建立了由教育部、国防部、卫生与公众服务部等多个部门协同参与的管理体系。各州均制定有各自的婴幼儿教育质量标准、早期学习标准或指南，由美国“0—3岁政策中心”和国家婴幼儿保育计划携手推进改革与实施。美国的婴幼儿早期学习指南内容丰富且具体，覆盖了婴幼儿在身体成长、社交情感、游戏与学习技能、语言沟通、认知进步、创造性艺术等众多方面。虽然各州针对0—3岁儿童的早期学习指南有所区别，但普遍围绕身体成长、社交情感、认知进步和语言发展这四个关键领域。以伊利诺伊州的指南为例，它包括了自我调节、社交情感成长、身体与健康、语言交流及读写能力、认知进步、学习素质等六大领域，且在每个领域下进一步细分出多个子领域，如自我调节下的生理调节、情绪调节、注意力调节和行为调节，社会情绪发展下的依恋关系、情绪表达、成人关系、自我概念、同伴关系和同理心等，以此确保婴幼儿在多元化的教育环境下全面发展。

在美国，早期教育机构呈现出多种形式，包括个体经营、私营和公立等多种类型，其中针对 0—3 岁婴幼儿的托育机构主要包括日托中心和家庭日托。日托中心是美国最常见的早教设施，其运营模式主要分为中心式日托（Center-based）和服务于家庭环境的日托（Family-based）两种形态。中心式日托通常指的就是日托中心或非住宅性质的托育设施，而家庭式日托则发生在私人家庭内部，由托育提供者为 3—12 名儿童提供照护服务，通常配有 1—3 名照护人员。日托中心作为常见的托儿选择，不仅为婴幼儿提供基本的照顾服务，还融入了多样化的教育体验。这类中心通常接收 0—4 岁的儿童，其费用主要由家长支付，不过部分雇主也会为员工提供一定的经济补助。家庭日托因其在家庭环境中的特色服务，也受到了一定的欢迎。除了日托中心和家庭日托，少数家庭会选择聘请私人保姆，但这种方式的成本较高，不具有普及性。值得注意的是，美国商业领域也积极促进婴幼儿照护行业的发展，通过设立婴幼儿照护资金、发放托育补贴等措施，帮助员工解决婴幼儿照护的难题。在托育机构规模和师生比设定上，尽管全美没有统一标准，但多数州依据美国公共卫生协会、美国儿科医师学会和美国幼儿教育协会共同制定的指南进行规范。一般来说，1 岁以下婴儿的班级容量限定为 8 人，师生比为 4∶1；1—2 岁的班级规模上限为 12 人，师生比依然保持 4∶1；2—3 岁班级人数不超过 12 人，师生比变为 10∶1；3 岁以上班级则允许容纳 17—18 名儿童，师生比维持在 10∶1 左右。在课程设计方面，美国婴幼儿照护服务注重以科研成果为基础，旨在促进婴幼儿在语言、数学、科学、体育、社交情感、文化艺术等多元领域的全面发展，为进入小学阶段做好准备。同时，对照护服务从业人员设置了严格的资质要求，一般需要获得全美幼儿教育协会（NAEYC）、早期开端计划（Early Head Start）和儿童发展助理（CDA）等权威机构的资格认证或完成相应培训课程。此外，美国十分重视家庭在婴幼儿教育中的作用，设立了诸如 PAT 项目和 HAPPY 计划等家庭早期教育方案。联邦政府和州政府还通过提供育儿补贴、上门育儿指导和带薪产假等福利政策，为婴幼儿家庭提供实质性的支持。社区在婴幼儿的成长和教育中亦发挥着积极作用，借助孕产妇、婴儿和儿童早期家庭访问计划（MIECHV）等项目，社区中的婴幼儿教育工作者、医护人员、社工，以及其他经过专业培训的婴幼儿照护人员会在孕妇孕期直至婴幼儿早期成长的全过程为其提供家庭探访指导服务，以促进婴幼儿的早期发育与教育。

二、英国婴幼儿照护服务政策的历史沿革和内容体系

英国作为历史悠久的资本主义国家，在婴幼儿照护服务领域也展现出相当成熟的体系。英国的照护服务体系主要覆盖0—5岁的儿童，5岁之后则转为义务教育阶段。在英国，这类服务被称为"早期教育"，其最大特色是保育和教育的深度融合。英国照护服务的发展历程可分为三个主要阶段。

（1）自由期（19世纪前）：在这个阶段，婴幼儿的托育完全由家庭自行承担，国家和政府极少介入婴幼儿的保育服务。

（2）初创期（19世纪初至20世纪90年代）：伴随工业革命的推进，大量女性走出家庭加入劳动力市场，婴幼儿的照护需求陡然增加。同时，生产力的发展带动了教育领域的进步，早期教育开始受到广泛关注。《初等教育法》规定5岁以上儿童必须接受义务教育，同时也揭示了5岁以下儿童教育和照护的紧迫需求。1905年，英国公布的《关于公立小学不满5岁儿童的报告》，提倡为3—5岁的儿童建立"保育学校"。这一倡议在1913年得以实现，这些保育学校致力于为5岁以下的幼儿提供健康有益的成长环境。随后，《费舍教育法》、《哈多报告》和《巴特勒法案》等法律文件逐步确立了0—5岁儿童的教育标准。二战期间，以照顾婴儿和幼儿为主的托育机构应运而生，并在战后继续为因工作而无法照顾婴幼儿的家庭提供服务。20世纪60年代，通过《普洛登报告》和《教育白皮书》，政府进一步强调了5岁以下儿童教育的重要性，但是当时的照护服务多为临时的和短期的，主要面向贫困家庭和双职工家庭，且服务水平和规范尚未

统一,各地服务水平也参差不齐。

(3)成熟期(20 世纪 90 年代至今):1997 年,英国启动了一场旨在改革传统的婴幼儿照护模式的“革命”,将普及和扩大婴幼儿照护服务作为重要的施政目标。1998 年的《应对保育挑战》绿皮书首次提出了整合保育与教育的理念,强调两者之间的紧密联系,并将其作为国家早期教育战略的核心。这标志着英国正式开启了保教一体化的新时代。2004 年,英国政府发布了“儿童保育十年战略”,确立了“每个儿童都至关重要”的原则;同年年底,发布了《价值的选择与儿童最好的开端:儿童保育十年战略》,宣布自 2005 年开始实施“早期奠基阶段”规划,通过完善 0—3 岁早期保教指南、基础教育阶段规划以及 8 岁以下儿童的日间照护标准,英国建立了一个从婴儿期到学龄期的早期教育体系。这为不同年龄段的儿童提供了连续且适宜的发展支持,确保每个孩子都能在成长过程中获得全面而灵活的教育体验。2008 年,随着《早期教育阶段法定框架》的发布,英国正式确立了 0—5 岁儿童保育与教育一体化的模式。自此以后,英国不断完善其照护服务体系,始终将保教一体化作为发展的核心原则和改革的重点方向。这一政策导向确保了儿童在成长初期能够获得连贯且综合的支持,促进了儿童全面发展。

英国的婴幼儿照护服务体系秉持一体化教育理念,追求儿童教育的公正和平等,坚持以儿童为主体,采用互动参与式的教学模式。政府通过多部门,如教育部、科技部、卫生部、安全部门及家庭福利部等联合协作,共同推动托育政策的有效执行。2008 年推出的《早期基础阶段法定框架》(EYFS)作为英国照护服务的核心标准,详细规定了 0—5 岁儿童在学习、生活和成长方面的具体要求,其特色在于融合早期教育与保育功能,打破两者间的壁垒。EYFS 历经多次修订更新,始终坚持“全人教育”的核心理念,已逐步趋于完善。当前实施的 EYFS 涵盖了学习与发展要求、评价体系以及安全和福祉准则三个主要部分,并要求英国所有婴幼儿照护服务机构,无论是公立还是私立,均须以此作为课程开发的准则。EYFS 的目标是保障托儿服务的优质与统一性,为儿童的学校生活及未来成长打下坚实的基础，促进教育工作者与家长或监护人建立合作关系，并确保每位儿童享有平等的教育机遇。在 EYFS 体系下，0—5 岁儿童的学习与成长被分为三个关键领域和四个特定领域。关键领域包括交流与语言、身体成长以及个人、社会情感发展，每个领域都有具体的发展目标。而四个特定领域则由读写、算术、对世界的理解以及艺术与设计创作构成，每个领域都有其独特的培养重点。EYFS 根据儿童的年龄阶段进行划分，并通过观察儿童的学习风格、建立积极的人际关系、创造有利的学习环境这三个方面，对儿童进行细致的观察、引导，并提供针对性的教育指导。英国托育机构类型多样，主要分为儿童照料者、常规早期教育机构和学校附属托育机构三类，其中儿童照料者占比最高，其次是常规早期教育机构和学校附属托育机构。然而，从接纳儿童数量角度看，学校附属托育机构占据首位，每年接收的儿童数量超过所有托育儿童总数的 50%，其次为常规早期教育机构和儿童照料者。各类托育机构均需遵循 EYFS 设定的课程标准，且 EYFS 会定期对这些机构进行审查评估，以提升全英国婴幼儿照护服务的整体质量。托育机构严格规定每名儿童都应有专人负责看护，并与家长保持沟通。依据儿童年龄的不同，对保育员与儿童的比例有着严格规定，如 0—2 岁婴幼儿的生师比为 3∶1，2—3 岁幼儿为 4∶1，3 岁以上幼儿为 5∶1。所有托育从业人员需满足《早期教育专业教师标准》要求，并取得英国政府认可的早期教育职业专业培训证书后方能上岗。此外，英国政府采取了一系列政策措施支持婴幼儿照护服务的发展，如提供家庭税收优惠、发放生育育儿津贴、延长母亲带薪产假、扩增儿童免费照护服务时长以及提供早期干预服务等。这些举措合力促进了婴幼儿照护服务体系的稳步提升和完善。

三、日本婴幼儿照护服务政策的历史沿革和内容体系

众所周知，日本面临着严重的低生育率问题，其照护服务政策深受“少子化”现象和“待机儿童”问题的影响。日本婴幼儿照护服务政策演变历程大致可划分为三个阶段。

(1)孕育期(1890 年至 20 世纪 40 年代)：日本的照护服务起源于 19 世纪末，当时一些贫困家庭的学生会带着弟妹一同去私塾上课，私塾逐渐有了临时托管的功能。19 世纪末期，为解决工厂女工子女的照看问题，诞生了员工福利性质的托育机构。日俄战争后，针对战争孤儿的儿童保育所在日本开始出现。1919 年，日本建立了首家公立保育所。同时，农村地区也开始设立农忙时节专用的季节性保育所。自然灾害频发也催生了更多婴幼儿保育设施的建设。此阶段的照护服务主要聚焦于救助弱势群体，提供基本的日常照护。

(2)标准化阶段(20 世纪 40 年代至 20 世纪末)：二战结束后，保护和救助失去父母和家园、生活困顿的儿童成为迫切的社会议题。1947 年颁布的《儿童福祉法》在新宪法的指导下确立了推动儿童福祉的基本原则，强调全体国民应共同努力保障儿童的身心健康，平等地关爱所有儿童，国家、地方公共团体及儿童监护人均应担起保障儿童身心健康的重任。这部法律使得日本的“保育所”得以法定化，成为正式的社会福利机构。此后，《日本儿童福祉设施最低基准》的出台，奠定了日本婴幼儿照护服务制度的规范化基础。随着《儿童抚养津贴法》(1961 年)、《母子福利法》(1964 年)、《儿童津贴法》(1971 年)等一系列相关法律的制定，以及 1973 年开始实施的“普惠型”儿童福利政策、1981 年发布的《母子与寡妇福利法》以及对《儿童福利法》的重大修订，日本儿童福利制度日趋完善。

(3)成熟期(21 世纪至今)：进入 21 世纪以来，伴随着生活质量的提升、观念的更新以及生活压力的增加，日本社会面临的不婚、晚婚以及少子化的问题进一步恶化。面对这一挑战，日本政府着手通过改革育儿照护服务和完善福利政策来应对少子化的危机，致力于打造一个“全社会共同肩负育儿责任”的理想型社会。通过颁布一系列政策法规，涉及扩大保育设施的数量、整合社区资源进入照护体系、提高照护工作人员的专业水平、增强照护服务的教育作用、提升照护服务的整体品质等多个方面，以构建能够满足公民需求的高标准育儿照护体系。此外，日本还致力于推进保育所与幼儿园的功能整合，逐步实现从“幼保一元化”向“幼保一体化”的转变，提高照护服务的效率和效果，也为儿童提供了更为连贯的成长环境。

在婴幼儿照护服务体系的构建上，日本制定了严谨的课程体系与标准。根据《保育所保育指引》的要求，针对 0—1 岁婴儿的保育课程着重于身体健康、人际交往启蒙以及对周围环境的好奇心和兴趣的培养；而对于 1—5 岁的幼儿，课程设计则聚焦于其健康、人际关系、环境适应、语言表达和表现力的发展。同时，日本强调婴幼儿保育应加强学校、家庭与社区的协同合作。日本政府在《儿童・育儿援助新制度》(2016 年修订版)中将照护服务机构划分为保育所、幼稚园、认定幼儿园和地域型保育四种类型。保育所接收 0—5 岁婴幼儿，提供早晚接送时段的保育服务，并可延时至傍晚，主要服务于工作繁忙或由于家庭原因无法自行保育的家庭；幼稚园则以 3—5 岁幼儿为对象，保育时间相近，同时提供周六和假期的长期保育服务，更注重为幼儿提供早期教育，为其进入小学做好准备；认定幼儿园同样接收 3—5 岁幼儿，不仅提供日常保育服务，还在周末和假期提供长期保育，集保育所的基础服务与幼稚园的教育功能于一体，并担当当地育儿援助的角色；地域型保育则细分为家庭保育、小规模保育、事业所内保育和住宅访问型保育四类，如家庭保育为少量婴幼儿提供家庭式温馨保育，小规模保育模拟家庭环境服务 6—19 名婴幼儿，事业所内保育在企业和单位内部设立，服务员工子女和周边婴幼儿，住宅访问型保育则针对特殊情况提供一对一上门保育服务。这些地域性保育机构皆面向 0—2 岁婴幼儿提供服务。

此外，日本还推行了企业主导型保育项目，为企业员工提供一周两次(含夜晚和假日)的照护服务，并对托育费用给予援助。同时，《儿童・育儿援助新制度》包含了一系列育儿支持措施，涉及用户协助、临时照护、患病儿看护、家庭服务中心、社区育儿支持点、短期育儿服务、新生儿家庭访问、育儿咨询访问以及孕期健康检查等多方面。在托育机构环境设施方面，《关于儿童福利设施设备及运营基准的规定条例》明确规定，保育所内婴儿室人均面积不少于 3.3 平方米。对于各类托育机构的师生比例也设定了详细标准：保育所中，0—1 岁婴儿的师生比为 3∶1，1—2 岁幼儿为 6∶1；小规模保育机构中，师生比在保育所基础上额外增加 1 名教师；家庭式和企业内保育机构对 0—2 岁婴幼儿的师生比均为 3∶1，若有助教，可调整为 5∶2；住宅访问型保育则实行一对一服务，师生比为 1∶1。

对于照护服务人员的资质，日本有着严格的要求。早在 1948 年，《儿童福祉法实施令》就规定保姆需经过厚生劳动省认可的培训机构培训或通过保姆资格考试方可从事婴幼儿照护工作。2001 年修订后的《儿童福祉法》将托育人员资格法定化，要求保育士需具备专业知识和技术，通过大学规定的保育士资格课程或考试取得合格证书才可从事儿童托育工作。不同于传统保姆，保育士不仅要负责婴幼儿的日常照护，还需进行早期教育并指导婴幼儿的家长或监护人，以提升整体照护服务质量。《保育所保育指引》(2017 年第四次修订版)进一步明确了保育士的职责，指出保育所是社区育儿支持体系的一部分，是儿童从婴幼儿期至入学前个体成长的保育实践平台，保育士应当从深入了解儿童的角度出发，协助监护人进行育儿活动。

日本为促进生育出台的政策措施涵盖了产假设置、财政补助以及幼儿照护支持等多个层面(见表 2-1)。在产假方面，日本为女性职工提供了总计 14 周的产假，包括产前 6 周和产后 8 周；产假期间，她们可以获得与工作前工资水平相当的生育津贴。此外，在产假结束后至孩子满 1 岁期间，女性职工还有权申请最长 10 个月的育儿假期，且在育儿假期间，她们可获得高达原工资 80%的津贴。同时，日本也确保了男性职工的育儿假期权益，可以享有共计 8 周的育儿假期，在妻子休完产假后，孩子未满 14 个月前，还可以再次申请额外的 8 周育儿假。为了鼓励生育，日本政府还提供了多项经济补贴。产妇分娩后可以一次性领取一笔 42 万日元的生育补贴，2023 年开始增长到 50 万日元。而且在孩子的成长过程中，符合条件的家庭可每月获得一定金额的儿童补贴。具体而言，对于收入在一定范围内的家庭，如果抚养 3 岁以下的儿童每月可获得 1.5 万日元津贴；抚养 3 岁至小学学龄的儿童家庭，若家庭有一个或两个子女，每月可获得

1万日元,若有三个或三个以上子女,每月可获得1.5万日元。这些政策共同构成了日本全面的生育鼓励体系,旨在减轻家庭生育和育儿的经济负担,促进人口的可持续发展。

表2-1　日本儿童补贴制度

<table>
<tr><td>制度目的</td><td colspan="3">维护家庭生活安定·促进儿童健康成长</td></tr>
<tr><td>对象</td><td>日本国内居住初中毕业前(15岁前)的所有儿童(包括居住在日本的外国人)</td><td>补贴获得者</td><td>满足监护·共同生活条件的父母等儿童福利机构的负责人等</td></tr>
<tr><td>补贴金额
(每人每月)</td><td colspan="3">0—3岁未满,一律1.5万日元
3岁—小学毕业,1孩或2孩1万日元,3孩及以上1.5万日元
中学生,一律1万日元
年收入超过限制额度(1200万日元),一律5000日元(特例支付)</td></tr>
<tr><td>补贴月份</td><td colspan="3">每年2月、6月、10月(每次支付4个月的金额)</td></tr>
<tr><td>实施主体</td><td colspan="3">市区町村(公务员由所在厅实施)</td></tr>
<tr><td>费用负担</td><td colspan="3">由国家、地方(都道府县·市区町村)、私营业主支付金构成
私营业主支付金是从对私营业主,以标准报酬月额以及标准奖金月额为基础,乘以支付金比率(3.6/1000)所得的金额中稍微征收一部分用来支付儿童补贴等</td></tr>
<tr><td>支付总额</td><td colspan="3">例如2022年度预算:1兆9988亿日元(国家负担1兆951亿日元、地方负担5476亿日元、私营业主负担1637亿日元、公务员负担1925亿日元)</td></tr>
</table>

资料来源:日本政府官网

四、澳大利亚婴幼儿照护服务政策的历史沿革和内容体系

在澳大利亚,针对0—5岁儿童的照护服务包括保育和教育为家长提供必要的家庭咨询和育儿帮助。这些服务通常被称为“儿童保育”“儿童服务”或“早期儿童服务”。其政策发展可以分为三个主要阶段。

(1)起步阶段(19世纪末至20世纪初):受福禄培尔和裴斯泰洛齐等欧洲教育思想家的影响,以及欧美幼儿园运动的推动,澳大利亚的早期保育与教育开始萌芽。新南威尔士州的May和南澳大利亚的Lillian等人成为这一领域的先驱者。最初的婴幼儿保育与教育服务主要面向富裕家

庭，工薪阶层和贫困社区的孩子难以获得。1895 年，随着慈善幼儿园运动的兴起，新南威尔士州幼儿园联盟成立，将幼儿园视为城市社会和教育改革的重要工具。尽管如此，当时的改革更多关注幼儿教育和社会化，较少考虑在职母亲的实际需求。幼儿园通常只在上午开放，且只接收 3 岁以上儿童。为了满足职业母亲的需求，20 世纪初出现了全天候的日间托儿所，从早上 7 点到晚上 6 点都可以提供托育服务，也可以接收婴儿。但是，幼儿园和日间托儿所在保育和教育方向上存在差异，幼儿园重视教师培训并为教师设立了专门的教学机构，而日间托儿所则更关注儿童的健康和福祉，主要由护士等专业保育人员负责。这种差异在后续的讨论和政策倡议中反复出现，幼儿园和日间托儿所的设立与运营主要依赖于慈善机构的支持。直到 1938 年，联邦政府开始介入，在主要城市设立了示范儿童教育和保健中心（Lady Gowrie Children's Centers），重点关注贫困家庭的孩子。

（2）发展阶段（20 世纪初至 20 世纪 90 年代）：二战结束后，中产阶级家庭对幼儿园的兴趣日益增加。在 20 世纪 40 年代和 50 年代，幼儿园在中产阶级聚集区域逐渐普及，并由家长自主管理。到 60 年代和 70 年代，一些州政府开始提供学前教育服务，例如塔斯马尼亚州将幼儿园纳入了教育体系。虽然学前教育的普及取得了显著进展，但仍然难以充分满足职业母亲对儿童照护的需求。尤其是 60 年代末至 70 年代初，促进儿童的照护服务和支持职业女性的儿童保育服务成为重要议题。女性主义者主张妇女应享有寻找和维持有酬工作的权利，针对劳动力市场对女性劳动者的需求以及父母需要工作无法妥善照护儿童的困难，政府不得不更加重视儿童照护服务的问题。1972 年，联邦政府颁布了“儿童保育法”，开始为非 Lady Gowrie 中心的保育计划提供资金，确保服务质量和家长可负担的价格。后来政策的重点逐渐转向支持劳动力参与，这一转变在资金分配上得到了体现。1983—1990 年，联邦劳工政府将儿童保育服务纳入社会福利体系的一部分，强调增加保育设施和降低家庭的保育费用。儿童保育部门的发展得益于各级政府的紧密合作，各级政府提供了资金、土地及规划支持，由家长协会、宗教团体、幼儿园联盟以及地方政府管理的非营利性机构则直接资助儿童保育服务和对家长的费用补贴。

(3)成熟阶段(20 世纪 90 年代至今)：90 年代前，政府主要资助非营利性幼儿保育机构。1990 年，联邦政府开始补贴使用营利性服务的家庭，旨在降低政府新建服务的成本，激励私营部门投资儿童保育，并为选择私营服务的家庭提供公平。但是，这一转变引发了公众对营利性机构可能对服务质量产生影响的担忧。目前，政府调整了政策，将补贴转向非营利性的全日制日托和课后照护服务。同时依赖营利和非营利性照护服务，尤其是全日制中心式日托服务，更倾向于补贴家庭而非直接资助服务提供者。自 2001 年起，私营部门在提供服务方面的作用不断增强。

澳大利亚的照护服务体系主要目标在于确保家长能顺利工作赚取收入、为家庭成员提供必要的放松休息时刻，以及为困难家庭提供必要的支持。其儿童照护服务体系构建了一个三层管理的模式：①在联邦层面，在 2008 年之前，教育及保育职责分别由教育、科学与培训部以及家庭、社区和原住民服务部承担。2008 年以后，为推进保教一体化，设立了早期教育与儿童保育办公室(OECECC)，该办公室负责全国幼儿保教工作的协调与管理。②州和领地政府层面，主要负责制定政策和提供财政援助。③地方政府的职责则集中在向家庭直接提供照护服务，涵盖家庭咨询等具体服务项目，并通过出台《儿童保育法案》(1972 年)及《儿童早期教育和保育国家质量框架》(NQF)等法规，推动婴幼儿照护服务的持续发展。

澳大利亚在婴幼儿早期教育方面建立了完善的课程体系和行业标准，《归属、存在与成长：澳大利亚儿童早期学习框架》(简称 EYLF)是澳大利亚政府间理事会于 2009 年制定推出的第一部全国适用的幼儿教育框架，旨在指导和强化 0—5 岁儿童的学习过程，以及过渡到学校的经历，强调五个关键的早期学习成果：①培育儿童的自我认同；②发展儿童与环境的互动和贡献能力；③保障儿童的幸福感；④培养自信并专注于学习的儿童；⑤提升儿童的有效沟通技巧。政府寄望教育者能够理解并支持儿童的学习过程，认识到每个孩子的独特优势和潜力，确保所有儿童都能以最适合他们的方式参与学习。为了支持这一目标，澳大利亚还发布了《早期学习框架教育者实践指南》，旨在帮助早期教育从业者更好地理解和实施该框架，这一指南适用于多种儿童照护环境，包括日托中心、家庭日托、学前教育班和课后托管中心等。澳大利亚的托育服务种类繁多，主要包括全天托育中心、家庭日托和居家照护、临时托儿服务以及校内外托管服务。这些服务中，前三类主要满足 0—3 岁儿童的托育需求，并需符合联邦政府设定的标准和要求。政府对婴幼儿照护服务中的师生比例有严格的规定，具体要求根据儿童的年龄有所不同。0—2 岁婴儿的师生比例通常为 1∶4，即每 4 个婴儿需要至少 1 名保育人员。2—3 岁幼儿的师生比例一般为 1∶5，即每 5 名幼儿需要至少 1 名保育人员。3 岁以上儿童的师生比例可以放宽到 1∶10 左右，即每 10 名儿童需要至少 1 名保育人员。对照护服务工作人员有着严格的职业资格认证体系和从业标准要求，从业者必须拥有包括但不限于儿童或特定年龄段保育教育资格、经批准的相关教育保育文凭或三级证书、通过审核的资格认证、急救资格及紧急事件处理培训等多项资格认证，方可从事幼儿保育工作。国家主管机构还需在官方网站公示具备合法从业资格的人员名单，以确保照护服务人员资质的公开透明和接受政府及社会各界的有效监管。在福利政策方面，澳大利亚为婴幼儿家庭提供了保育补贴、带薪产假、税收减免等一系列福利措施。联邦家庭、住房和社区服务与居民事务部还提供了上门指导服务，各州和地区通过网络为家庭提供育儿指导信息。2004 年 4 月 7 日，政府宣布将继续实施“加强家庭和社区战略”（Strengthening Families and Communities Strategy，SFCS）。这一战略旨在通过一系列措施增强家庭功能，提升社区凝聚力，并为家庭和社区提供更广泛的支持和服务。SFCS 的实施反映了政府对家庭和社区在社会发展中的重要性的认识，以及对促进社会和谐稳定的承诺。特别是在贫困地区，家庭和社区得以不断进步，并更有效地应对挑战。

五、法国婴幼儿照护服务政策的历史沿革和内容体系

法国在婴幼儿照护服务方面的政策有着悠久的历史，早在 18 世纪，法国已经是欧洲人口最多的国家。然而，随着出生率的逐渐下降，排名也下降到了欧洲第五位。例如从 1901—1911 年，法国人口仅从 3848 万小幅增长到 3923 万。政府开始意识到人口增长放缓的问题。在第二次世界大战之前，政府开始推行激励生育的政策，包括建立全面的补贴制度、提供多样化的幼儿照护服务等。战后，为了恢复和发展经济，法国进一步加强了这些政策，并建立了现代意义上的社会福利体系。1920 年，法国颁布了《反堕胎法》，以遏制生育率的快速下降。又于 1939 年法国出台了《家庭法典》，奠定了国家家庭政策的基础。自此，法国不断更新和优化鼓励生育的政策，并取得了一定的成果。从 20 世纪 60 年代起，法国逐步扩大了公共托育机构的数量和服务范围，同时引入了灵活的工作安排和支持家庭的税收优惠政策。根据统计，法国的总和生育率在 1960 年为 2.74，到 1975 年下降至 1.93，低于更替水平，1993 年更是跌至历史最低的 1.66。此后，政府继续优化其婴幼儿照护服务体系，到了 2018 年，生育率有所恢复，达到 1.88。但是近年来的生育率又有所波动，2021—2023 年，法国的总和生育率为分别为 1.84、1.79 和 1.68。为了进一步提高生育率，法国实施了一系列实质性措施（见表2-2），其中包括保证充足的休假时间。为了提高生育率，法国政府采取了一系列具体的措施，例如：①确保充分的休假时间，法国向准妈妈们提供了长达 16 周的产假，包括产前 6 周和产后 10 周。产假期间，虽然雇主不发放工资，但法国社会保险机构（CPAM）会根据休假者的薪资水平提供每天 9—86 欧元的津贴。②男性陪产假，法国也为父亲们提供了 11 天的陪产假，并享有与产假相同的日津贴待遇。③育儿假政策，法国设有最长为一年的育儿假，允许父母双方共同使用。只需提前一个月通知雇主，便可申请延长假期，雇主不得拒绝。在育儿假期间，虽然雇主不支付工资，但家庭补助机构（CAF）会提供每月 396 欧元的津贴，以支持家庭育儿。

表 2-2 法国各种育儿假期的构成内容

假期名称	条件	时长	休假期间工资支付及政府津贴
产假	一孩	共 16 周:产前假 6 周,产后假 10 周	雇主不支付工资,法国社会保险机构 CPAM 提供 9—86 欧元/天的津贴。在 3311 欧元/月的限额范围内,休假者可获得休假前三个月平均日工资的 79%
	二孩	共 16 周:产前假 6 周,产后假 10 周	
	三孩及以上	共 26 周:产前假 6 周,产后假 18 周	
	双胞胎	共 34 周:产前假 12 周,产后假 22 周	
	三胞胎及以上	共 46 周:产前假 22 周,产后假 24 周	
男性陪产假	双胞胎	11 天	同产假
	三胞胎及以上	18 天	
育儿假	单胎	初始育儿假为 1 年,可续假 2 次	雇主不支付工资,法国家庭补助局 CAF 提供 396 欧元/月的津贴。如果生了 1 个孩子,夫妇可以领 6 个月;如果生了 2 个孩子,夫妇可以领 24 个月
	双胞胎	初始育儿假为 1 年,可续假 2 次	
	三胞胎及以上	初始育儿假为 1 年,可续假 5 次	
	孩子有疾病、严重受伤或严重残疾等	可延长 1 年	

资料来源:法国政府官网

法国政府为了支持家庭和鼓励生育,实施了一系列全面的经济援助政策,这些政策覆盖了新生儿的出生、儿童的养育、幼儿照护服务以及对因生育造成收入损失的父母进行补偿等多个方面。至 2015 年,法国在家庭福利方面的支出占其国内生产总值(GDP)的比重达到了 3.7%,在经济合作与发展组织(OECD)的所有成员国中居于首位。这一比例反映出法国政府对于家庭福利的高度重视和大力投入。法国已经建立了一套相当完善和多样化的补贴机制,该机制考虑周详,覆盖了婴幼儿从出生到成长、照护服务的全过程，并且补贴金额会根据家庭的具体经济状况和子女数量等不同因素进行调整，以确保补贴能够精准地满足家庭的需求（见表 2-3）。根据 OECD 的数据，2015 年法国的家庭福利支出占 GDP 的比例明显高于 OECD 国家 2.4％的平均水平，这表明法国在支持家庭和促进生育方面的政策投入力度是显著的。这些政策不仅有助于减轻家庭的经济负担，还有助于提高生育率，促进社会的长期稳定发展。

表 2-3　法国政府补贴家庭金额案例说明

案例	年收入/欧元	收入来源	孩子数	孩子年龄	一次性补助/欧元	每月补助（欧元/月）
案例 1	40000	夫妇双方	1	2 岁	941	85
案例 2	40000	夫妇双方	2	2 岁、4 岁	1882	216
案例 3	20000	夫妇双方	2	2 岁、4 岁	1882	302
案例 4	40000	夫妇双方	3	2 岁、4 岁、8 岁	2993	470
案例 5	20000	夫妇双方	3	2 岁、4 岁、8 岁	3079	470
案例 6	20000	夫妇一方	3	2 岁、4 岁、8 岁	3079	866

资料来源：法国政府官网

法国以其完善的幼儿照护体系而闻名。2017 年的数据显示，0—2 岁婴幼儿的入托率在法国达到了 56.3％，这一比例显著高于 OECD 国家的平均水平。法国提供的儿童照护服务形式多样，包括集体托育机构、家庭式照护服务以及个人看护服务等，满足了不同家庭的需求。法国家庭津贴基金（CAF）为这些托幼服务提供经济支持，例如，当家庭雇佣保姆时，雇主只需支付一小部分费用，极大地减轻了家庭的经济负担。根据 OECD 的数据，2017 年法国的婴幼儿入托率在 OECD 国家中排名第四，远超 OECD 国家 35％的平均水平。

在促进性别平等和提高女性劳动参与率方面，法国也取得了显著成就。2012 年，约有 400 家大型企业签署了《企业员工父母权益宪章》，该宪章旨在推动灵活的工作安排，减少过度工作和长时间加班，支持女性员工的职业发展，并鼓励男性员工充分利用陪产假。根据世界银行的统计，

2019 年法国女性参与劳动市场的比例为 50.2%,仅比男性低 9.5%,这个数值显著低于经合组织(OECD)的平均差距,后者为 16.8%。此外,根据 OECD 的数据,2016 年法国男女收入中值差异为 9.9%,比 OECD 成员国的一般水平(13.5%)要低 3.6%。

此外,移民对法国的人口结构和生育率也产生了影响。移民约占法国总人口的 10%,其中近一半来自非洲,这些移民的高生育率对法国的生育率有所贡献。法国统计局的数据显示,2017 年法国的移民人数为 636 万,占总人口的 9.6%,这一比例较 1946 年的 5%和 1975 年的 7.4%有所增长。其中来自北非国家(如阿尔及利亚、摩洛哥和突尼斯)的移民,占移民总数的相当比例,他们的高生育率对法国生育率的提升起到了积极作用。同时,法国的移民结构也在逐渐变化,女性移民的比例从 1968 年的 44%上升至 2017 年的 51%,这一变化也对法国的人口政策和社会结构产生了深远影响。

总体来说,上述典型福利国家在托育政策和制度上均体现出对家庭的支持、对婴幼儿发展的重视,通过不同层次的补贴、严格的照护服务标准、多样化的照护服务形式以及对家庭友好工作环境的构建,旨在确保婴幼儿得到高质量的保育和教育,同时减轻家庭尤其是职场父母的压力。

第二节 我国婴幼儿照护服务的历史沿革与现状特点

一、我国婴幼儿照护服务的历史沿革

随着我国科技进步与医疗体系的持续优化,社会已迈入低死亡率与高健康水平的新纪元。然而,这一转型伴随而来的是生育模式的深刻变化,少子化与老龄化趋势加剧,对劳动力市场构成了严峻挑战。在此背景下,提升生育率被视为缓解劳动力短缺的关键策略。传统家庭育儿模式,如全职主妇育儿与大家庭协作育儿,正逐渐淡出城市生活舞台,取而代之的是日益沉重的个体与家庭育儿负担,这已难以适应现代社会快速发展

的需求。因此,构建完善的公共服务体系以支持育儿活动,成为迫切的社会议题。

当前,我国0—3岁婴幼儿照护服务领域供需失衡问题显著,服务体系尚处于构建与完善的初期阶段。面对"三孩生育政策"的实施,如何有效解决婴幼儿照护难题,特别是实现高质量、普惠性的婴幼儿照护服务,成为亟待解决的重要任务。这不仅关乎民众福祉与生活质量提升,更是推动我国社会与经济可持续发展的关键环节。优化与强化0—3岁婴幼儿照护服务,需直面多重现实困境与挑战,包括资源分配不均、服务质量参差不齐、专业人才短缺等。为此,需政府、社会、家庭等多方协同努力,通过政策引导、资金投入、人才培养等措施,共同推动婴幼儿照护服务体系的完善与发展,确保"幼有所育"且"幼有良育",为社会的和谐稳定与长远发展奠定坚实基础。

在传统社会结构与文化脉络中,母亲角色被普遍视为生育与抚养子女的核心承担者,尤其在普通家庭结构中,育儿重任几乎都由母亲独自承担。只有在少数经济条件较为优越的家庭中,才会出现雇佣乳母来替代母亲哺乳婴儿的现象。唐宋时期,我国已有关于雇佣乳母来哺育幼儿的记载。地方政府通过设立育婴堂与敬节堂等机构,雇佣一些"乳母"和"节妇",以及因生活贫困而谋求生计的妇女以满足社会对婴幼儿专业照护的需求。同时,各省家境贫寒的妇女中,愿意担任乳母或保姆、女佣,以此维持生计的人数众多。这些女性普遍具备一定的文化素养,能够简单读写,她们的主要职责是负责幼儿的保育与教导工作[①]。乳母作为一种托育方式,在中国历史上,自唐宋延续至民国初年时期。随着新文化运动的推进,社会对母亲直接参与并承担育儿责任的重要性有了更广泛的认识和推崇,乳母作为主要托育角色的地位逐渐淡化,仅在极少数特定家庭中沿用。这一时期,女性的社会地位和角色开始发生变化,女性解放思

---

① 中国学前教育史编写组.中国学前教育史资料选[M].北京:人民教育出版社,1990:93-95.

潮推动了女性从家庭走向社会，参与更多的公共事务和职业活动。在这种背景下，更多女性开始自主育儿。同时，社会也开始关注和探索更为科学合理的照护服务体系，以适应现代家庭结构和社会发展的需求。随着女性社会角色的转变，新型的托幼机构和社区照护服务开始兴起，以满足现代家庭对于婴幼儿照护的新需求①，保姆托育成为重要的婴幼儿照顾模式②。由此可以总结，在新中国成立之前，我国的照护服务形态主要是以家庭内部的乳母或保姆入户托育为主，国家和社会层面对婴幼儿照护服务的统筹规划和系统性建设近乎空白，未能形成健全和标准化的照护服务体系。当时的托育人员如乳母或保姆，主要通过市场机制进行自由雇佣，其专业素质普遍不高，所提供的照护服务也更多侧重于基本的生活照料，对于婴幼儿的早期教育和智力开发等方面的重视程度相对较低，呈现出典型的“重养护、轻教育”的特征。这种婴幼儿照护模式与现代社会强调科学育儿及早期教育的理念存在较大差距，也是新中国成立后大力推动公共照护服务体系改革的重要原因之一。

新中国成立以来，我国婴幼儿照护服务体系随着国情变化和社会发展需求经历了“初创构建—结构调整—再次构建”的三大阶段，不同阶段的照护服务模式均各有特色。

在20世纪50年代至80年代中期的计划经济时期，我国的婴幼儿照护服务主要由企事业单位或集体组织承办，城镇地区的婴幼儿照护服务基本上是一种由政府承担费用的福利性服务。由于当时经济条件有限，托育专业人才相对稀缺，由政府主导设立的托儿所等托育机构在服务内容上依然体现了“重生活照料、轻教育启蒙”的特点，即主要侧重于婴幼儿

---

① 曹晓辉.五四新文化运动时期《新青年》对女性解放的推动[J].中州大学学报，2021，38(5)：48-53.

② 刘中一.从奶妈、保姆到育婴师：私人托育的历史演进[J].河北学刊，2020，40(4)：191-197.

的生活照顾，对早期教育的投入和重视程度相对较低[①]。

在20世纪80年代至21世纪初期的改革开放时期，我国的婴幼儿照护服务体系发生了显著变化，原来主要由国家提供的服务逐渐转变为家庭自行承担为主。1988年，《关于加强幼儿教育工作的意见》明确规定，抚养子女是家长依据法律所应承担的社会责任，并明确指出幼儿教育并不涵盖在义务教育范畴之内。这一政策导向表明政府的关注焦点转向3—6岁儿童的学前教育，而0—3岁婴幼儿的公办照护服务逐渐淡出主流视野，原有的由政府主导的照护服务体系开始瓦解，育儿责任再度回归家庭。然而，社会对婴幼儿照护服务的需求并未因此减少，反而催生了众多以市场需求为导向的民营托育机构。不过，由于当时政策扶持力度有限以及行业管理制度尚待完善，市场化照护机构的发展呈现出显著的优劣分化现象，服务质量参差不齐，多数家庭仍难以获得令其满意的照护服务。

进入21世纪以来，政府相继出台了一系列政策文件促进婴幼儿照护服务发展。2003年2月，我国正式颁布了《育婴员国家职业标准》并推出了《育婴员国家职业资格培训教程》，首次将0—3岁婴幼儿的护理和教育工作纳入正规职业范畴，建立了国家育婴员（保育员）职业就业准入制度以及科学、规范的育婴员职业资格培训鉴定认证体系。这一举措极大地推动了照护服务行业从业人员的专业化进程，为提升照护服务质量提供了有力的人才保障，使我国的婴幼儿照护服务在市场化进程中逐渐步入更加有序和专业的轨道。

自中国共产党第十九次全国代表大会召开以来，党和政府高度重视婴幼儿照护和儿童早期服务，将其作为改善民生、增进社会福祉的关键环节予以大力推进。2017年12月的中央经济工作会议着重指出，要妥善处理婴幼儿照护和儿童早期教育服务的问题，这充分展现了国家对婴幼儿成长环境和早期教育质量的关注。同年的《政府工作报告》中提出加速

---

① 岳经纶，范昕.中国儿童照顾政策体系：回顾、反思与重构[J].中国社会科学，2018(9)：92-111，206.

推进婴幼儿照护服务的发展，倡导社会力量参与建立照护机构，并要加强儿童的安全保障。2019 年 5 月，国务院办公厅发布了《关于促进 3 岁以下婴幼儿照护服务发展的指导意见》，目的是构建和完善促进婴幼儿照护服务发展的政策法规、标准规范以及服务供给体系，激发社会力量的参与热情，通过多种方式提供婴幼儿照护服务，逐步满足人民群众对高质量婴幼儿照护服务的需求，从而促进婴幼儿的健康成长。2019 年 10 月，《托育机构设置标准（试行）》和《托育机构管理规范（试行）》由国家卫生健康委印发，为婴幼儿照护服务的规范与发展奠定了坚实基础。2020—2021 年，我国多地纷纷出台婴幼儿照护服务行业标准，致力于提升从业人员专业素养，探索新时代托育模式，科学规划普惠性照护服务机构，合理配置资源，并鼓励有条件的企事业单位建设和完善母婴设施，为婴幼儿照护创造更为便利的条件。这一系列的举措标志着我国的婴幼儿照护服务事业已步入全新的发展阶段。

近年来，我国着力于构建普惠性、多样性和高质量的婴幼儿照护服务体系，包括但不限于加强公共托育服务设施建设、提供税收优惠、完善社会保障政策、提高专业人员培训、强化法规保障、提倡家庭和社会共同参与等多种措施。2021 年 5 月 31 日中共中央政治局会议宣布放宽生育限制，实施一对夫妇可生育三个子女的政策，并随之出台了一系列相关支持措施，涉及生育、抚养和教育等多个方面。到 2025 年的中期目标是初步建成一套积极生育支持政策体系，全面提升服务管理制度的完备性，大幅提高优生优育的服务质量，加快普惠性照护服务体系的建设步伐，使得家庭在生育、养育和教育方面的成本显著下降，生育意愿得以提振，生育率适度回升，出生人口性别比例趋于平衡，人口结构逐步优化，人口整体素质得到显著提升。展望 2035 年，中国计划实现更为完善的政策法规体系，服务管理机制运行高效有序，生育水平达到更为适宜的状态，人口结构得到进一步改善。届时，优生优育和幼儿保育服务将更加符合人民群众日益增长的美好生活的需要，家庭的整体发展能力将有明显提升，人民在各方面的全面发展将取得更加显著和扎实的进步。2021 年 7 月 20

日，《中共中央 国务院关于优化生育政策促进人口长期均衡发展的决定》正式发布，提出发展普惠照护服务，将婴幼儿照护纳入经济社会发展规划，并鼓励社会力量兴办照护服务机构。此外，文件还首次提到智慧托育，标志着我国智慧托育时代的来临。

据统计，截至2022年6月25日，全国已有30个省（区、市）出台了针对“三孩”生育政策和配套措施的具体实施方案。例如，2021年7月28日，四川省攀枝花市举办了新闻发布会，深入解读了《关于促进人力资源聚集的十六条政策措施》。该政策涵盖了对于按照规定生育第二胎和第三胎的攀枝花户籍家庭，每个孩子每月将获得500元的育儿补贴，直至孩子满3岁。这一措施使得攀枝花市成为全国首个实施育儿补贴政策的城市。这些行动不仅反映了国家对人口策略的深度调整，也显现了政府在建立和完善婴幼儿照护服务体系上的坚定态度。同年8月4日，北京市通过“北京12345”平台引用市卫生健康委员会的消息确认：自2021年5月31日（含）起，按照规定生育第三胎的夫妇，除了可以享受国家规定的产假外，还将额外获得30天的生育奖励假，而配偶则可享受15天的陪产假。女性职工在获得所在单位同意后，还可以延长假期1—3个月。同年8月18日，北京市住房和城乡建设委员会发布了《关于加强公共租赁住房资格复核及分配管理的通知》，该通知明确规定，在北京市的公共租赁住房资格复核及分配管理工作中，将优先考虑家庭中有多名未成年子女的轮候家庭，这类家庭在申请和选择公租房时将享受到更高的优先级别。此举是为了积极响应国家鼓励生育政策，解决多子女家庭的住房困难问题，提供更加精准和人性化的住房保障服务。

2022年2月16日，浙江省推出了全方位的积极生育支持政策，涉及产假、育儿照护、照护服务、教育资源、住房保障以及税收优惠等多个领域，以鼓励和促进生育友好型社会环境的形成。具体措施包括：策划并实施针对育儿友好环境的市区、县域、乡镇和社区四级评价标准体系，覆盖县（市、区）、乡镇（街道）以及村（社区）各层级，积极推进相关评估工作。启动建立婴幼儿照护服务的示范区域，大力推动建设集医疗、保健、预防于一体的综合性照护服务中心和儿童健康管理综合体,预计将增加5万个托育席位,其中包含3万个普惠型席位。同时,围绕母婴安全,实施"五大提升行动",包括对危重孕产妇及新生儿救治中心进行标准化评估和效能提升,以提高危重孕产妇和新生儿的救治效率与服务水平。此外,全面推进老年健康服务的"五大行动"计划,全省范围内推广安宁疗护服务,旨在缓解家庭在生育过程中对养老照料的后顾之忧,为家庭生育提供坚实的社会支持。

2021年8月12日,甘肃省医疗保障局发布了《关于生育保险支持三孩生育政策的通知》,明确自2021年5月31日起,合规参保女职工生育第三孩的生育医疗费用(包括分娩和终止妊娠等医疗服务)及生育津贴将纳入生育保险支付范围,并确保按规定及时足额支付。该省医保局还要求各地医疗保障部门同步保障城乡居民参保者生育第三孩的生育医疗费用。包括终止妊娠的医疗费用,并确保新生儿及时纳入医保参保体系,以切实保障三孩生育政策下的各项待遇能够全面落实到每个符合条件的家庭。这一举措是国家三孩生育政策实施的重要配套措施,旨在减轻群众生育三孩的经济负担,提高生育积极性,促进人口长期均衡发展。

从各地方性的法规可以看出,自2021年以来的生育支持政策大致可以分为生育补贴、生育保险、育儿假、住房优惠、个税减免和住房优惠这几个方面,具体如表2-4所示。

表2-4 我国各地区生育支持政策(2021年以来)

生育支持政策	具体内容	实施地区
生育补贴	给生育二孩、三孩的户籍常住家庭,分孩次每月发放500—1000元或一次性发放5000—10000元的育儿补贴,直至孩子3岁	四川攀枝花、甘肃临泽县、新疆石河子、湖北安陆、陕西汉中、湖南长沙、黑龙江大庆、云南、山东济南、广东深圳等地
生育保险	三孩生育医疗费用纳入医疗保险支付范围;生育津贴免审即享;分娩前不满12个月生育保险可享受50%生育津贴,或50%生育医疗保险无生育津贴	北京、天津、安徽、甘肃、江西、广西、山东烟台、四川、重庆、河南郑州、浙江衢州、福建等地

续表

生育支持政策	具体内容	实施地区
育儿假	符合法律法规规定生育子女的夫妻、除产假外，额外享受生育奖励假 30—80 天不等，其配偶享受陪产假 15 天	北京、上海、浙江、重庆、湖北、安徽、四川、江西、广东、河北、河南、江苏苏州等地
照护服务	支持托育机构建设，增加普惠性托位供给；以多种形式给予托育机构补贴（建设补贴、经营补贴、奖励补贴、托位补贴）；给予送托家庭补贴（入托补贴、“托育券”）等	安徽合肥、芜湖、铜陵、宿州、蚌埠；山东济南、青岛、日照；福建福州、厦门；浙江杭州、温州；江苏苏州、淮安；陕西西安、铜川；江西南昌、吉安；广东珠海等地
个税减免	将 3 岁以下婴幼儿照护费用纳入个人所得税专项附加扣除	全国
住房优惠	多子女家庭享受公租房优先权；对多孩家庭增加限购住房套数；对多孩家庭，给予购房补贴；上浮多孩家庭购房贷款额度；优先保障多孩家庭公租房调换；三孩家庭优先发放租赁补贴；三孩家庭新房优先摇号	浙江杭州、嘉兴、舟山、宁波；湖南衡阳、长沙；江苏南京、苏州、扬州、无锡、徐州、兴化；四川乐山、雅安、遂宁、宜宾、南充；江西上饶；福建厦门等地

资料来源：各地方性法规

自 2023 年 1 月 1 日起，根据《关于设立 3 岁以下婴幼儿照护个人所得税专项附加扣除的通知》，对于纳税人照护 3 岁以下子女的费用，可按照每个孩子每月 2000 元的标准进行固定额度的个税扣除。这意味着在计算个人所得税时，符合条件的家庭可以直接减少这部分支出对应的税款，从而在一定程度上缓解了家庭在养育婴幼儿过程中的经济压力，体现了国家对婴幼儿家庭的支持与关怀，有助于改善婴幼儿成长环境，增强家庭福祉与社会和谐稳定。同时，这一举措还有利于鼓励适龄夫妇积极承担起育儿责任，促进人口长期均衡发展。2024 年 10 月 28 日，国务院办公厅印发《关于加快完善生育支持政策体系推动建设生育友好型社会的若干措施》，提出一系列具体措施以降低生育、养育、教育成本，有利于营造支持生育的良好社会氛围，提升生育率。2024 年 11 月，第十四届全国人民代表大会常务委员会第十二次会议审议通过《中华人民共和国学前教育法》,并定于 2025 年 6 月 1 日开始施行。这是我国首次以立法的形式保障婴幼儿的权益,对于提高婴幼儿照护服务质量具有积极意义。

综上所述,我国婴幼儿照护服务的历史沿革体现了从政府主导向市场化、再到公共服务体系重构的演变过程。

二、当前我国婴幼儿照护的现状特点

我国婴幼儿照护服务现状呈现出一幅复杂且动态的画面,其主要特征可精炼概括如下:①政策支持力度加大。政府在财政、税收、社保等方面给予了婴幼儿照护服务更多的支持。例如,实施了税收优惠政策,减轻了家庭的经济负担;增设了生育假,让父母有更多的时间照顾孩子。提供了育儿津贴,鼓励家庭生育和照顾婴幼儿。地方政府也积极响应国家号召,推出一系列具体措施,如建设托育机构、提供财政补贴等,以优化婴幼儿照护服务。这些政策的出台,为婴幼儿照护服务的发展提供了有力的保障。②服务体系多元化。目前,婴幼儿照护服务已经形成了包括公立托育、私立托育、社区托育、家庭式托育等多种形式并存的局面。这种多元化的服务体系,满足了不同家庭的需求,提供了更多的选择。另外,随着科技进步,智能监控设备、在线教育资源等科技手段被广泛应用,进一步提高了服务效率和安全性。③市场需求旺盛与供应缺口较大。随着二孩、三孩政策的放开,婴幼儿照护服务的需求激增。然而,目前每千人口拥有的 3 岁以下婴幼儿托位数尚未完全满足需求,尤其在优质、普惠的托育资源方面仍存在较大的缺口。这意味着婴幼儿照护服务的供应还需要进一步增加,以满足市场的需求。④专业化和规范化要求越来越高。社会对婴幼儿照护的专业化、规范化要求不断提高,对从业人员的资质、设施设备的标准、安全监管、服务质量等方面都有了更为严格的规定。这种要求的提高,有助于保障婴幼儿的安全和健康成长。⑤注重婴幼儿全面发展。当前,婴幼儿照护服务不再仅限于基本的看护,而是涵盖了教育、保健、心理关爱等多个方面,强调婴幼儿的全面发展和健康成长,以满足他们的身心需求。

然而,我国婴幼儿照护服务在积极向前推进的过程中,也不可避免地遇到了一系列的问题与挑战,如:①地域间资源分配显著失衡。城市与乡村、经济发达区域与欠发达区域在婴幼儿照护服务设施及服务力量的配置上存在着显著鸿沟。城市及发达地带托育机构林立,不仅数量充足,且普遍具有较高的服务质量标准;相比之下,农村及经济条件较差的地区则陷入资源匮乏的困境,婴幼儿及其家庭难以享受到同等水平的照护服务。②优质服务供给严重滞后于市场需求。尽管近年来托育机构的数量呈现增长态势,然而,真正达到高品质标准的服务供给依然不足,尤其以大中型城市为甚,优质托育服务的稀缺性在此类地区尤为凸显,供需矛盾亟待解决。③从业人员的专业素养亟待提升。当前,婴幼儿照护服务业的整体人员素质有待进一步加强,普遍存在专业知识储备不足、专业技能培训欠缺的现象,这使得行业在向专业化、规范化方向迈进的过程中遭遇瓶颈,无法充分满足社会对高标准、精细化婴幼儿照护服务的期待。④监管机制尚待健全。尽管相关政府部门已出台一系列旨在规范托育服务市场的政策规定,然而,在实际运作层面,监管体系的完备性与执行力仍显不足。对托育机构日常运营的监督、服务质量的有效评估与持续改进等方面,仍存在监管盲区与力度不够的问题,制约了整个行业健康有序的发展。⑤家庭经济压力不容忽视。尽管政府已推出一系列扶持政策以减轻家庭在婴幼儿照护方面的经济负担,然而,对于众多家庭而言,托育服务费用仍构成一项重大的经济支出,加剧了家庭财务压力,成为制约更多家庭选择专业照护服务的重要因素。

我国婴幼儿照护服务领域在蓬勃发展中呈现出多元化服务格局、政策扶持力度增强、社会参与活跃、服务质量备受重视以及科技应用日益普及等鲜明特征。

目前,我国婴幼儿照护服务行业正处于一个充满活力的转型与加速发展阶段,虽面临诸多挑战,但其展现出的积极发展趋势与鲜明特色令人鼓舞。展望未来,政府、社会各方力量与家庭需通力协作,共同塑造政策环境,激发市场活力,提升服务质量,深化科技创新,才能实现婴幼儿照护服务行业的健康、稳健、可持续发展,从而更好地服务于广大婴幼儿及其家庭。

第三章　婴幼儿发展的理论基础

第一节　婴幼儿发展的基本理论

一、人格发展阶段理论

人格发展阶段理论是由美国著名精神病医师和心理学家埃里克·埃里克森提出的。作为心理学领域的新精神分析学派代表人物，他认为儿童的心理发展，尤其是人格的发展，是一个连续的、多阶段的演进过程，这些阶段并非孤立存在，而是紧密相连，共同构成了一个完整的发展轨迹。这一理论的核心在于，每个发展阶段都伴随着特定的心理挑战或"危机"，这些"危机"实质上是个体心理与外部环境相互作用的产物，也是促进心理社会化的重要驱动力。埃里克森称之为"心理社会发展"，强调个体在成长过程中与社会环境的互动关系。他将人的一生划分为八个关键的发展阶段（见表3-1），每个阶段都有其独特的发展任务和焦点。这些阶段不仅覆盖了儿童期，还延伸至成年期甚至老年期，展现了心理发展的全貌。在每个阶段，个体都需要面对并解决相应的心理社会冲突，以促进自身的成长和适应。

埃里克森通过这一理论为我们提供了一个深入理解个体心理发展的框架，使我们能够更清晰地看到个体在不同阶段所面临的挑战和机遇，以及这些挑战和机遇如何塑造和影响着我们的心理与人格。同时，他也提醒我们，心理发展是一个复杂而动态的过程，需要个体、家庭、社会等多方面的支持和配合①。

表 3-1　埃里克森的人格发展阶段

阶段与年龄	心理社会危机	主要特点	发展任务
0—1 岁 婴儿期	信任 vs 不信任	满足生理需要	获得基本信任感，克服不信任感，体验希望的实现
1—3 岁 幼儿期	自主性 vs 羞耻怀疑	探索欲初现	获得主动感而克服羞涩和疑虑感，体验着意志的实现
3—6 岁 学龄前期	主动性 vs 内疚	环境探索	获得主动感和克服内疚感，体验目标的实现
6—12 岁 学龄期	勤奋 vs 自卑	社会意识觉醒	获得勤奋感而克服自卑感，体验能力的实现
12—18 岁 青春期	同一性 vs 角色混乱	青春探索	建立同一感，防止角色混乱，体验忠诚的实现
18—25 岁 成年初期	亲密 vs 孤立	情感深化	获得成功的情感生活和良好的人际关系，体验爱情的实现
25—65 岁 成年中期	繁殖 vs 停滞	繁衍与责任	本人精力充沛和照顾好下一代，体验着事业成功和家庭主角的实现
65 岁以上 老年期	自我整合 vs 绝望	生命回顾	进行自我整合，避免失望情绪，体验角色变化和安享天年的实现

埃里克森的心理社会发展理论之渐成论，深刻阐述了人格发展的连续性与阶段性交互作用。该理论主张，每一发展阶段均构建于前一阶段的基础之上，形成一条连贯且动态的发展轨迹，其中前一阶段的成果与挑战直接塑造着后续阶段的起点与路径。每个阶段均承载着特定的心理社会危机，这些危机作为生物学成熟与社会文化环境交互作用的产物，是评估个体适应与发展水平的关键指标。成功应对这些危机，不仅标志着个体在该阶段的心理社会成熟，更为后续阶段的顺利发展奠定了坚实基础。反之，若危机未能得到有效解决，则可能引发一系列负面后果，如自我认同的混乱、社会适应的障碍等，进而影响整体人格结构的健全与和谐。此

① 吴东麟. 教育心理学[M]. 上海：上海科学技术出版社，2000:102-103.

外，埃里克森的理论还鲜明地体现了终身发展的视角，强调心理社会发展并非局限于儿童期或青少年时期，而是一个贯穿个体生命全程的持续过程。这一观点挑战了传统上将心理发展视为阶段性完成的观念，转而关注发展的连续性与动态性，以及个体在不同生命阶段所面临的新挑战与机遇①。

埃里克森的心理社会发展理论在 0—3 岁婴幼儿照护领域具有不可估量的价值，它深刻揭示了儿童早期发展的核心要素与指导原则。在这一关键生命阶段，婴幼儿正经历着“基本信任与不信任”以及“自主性与羞耻怀疑”两大重要心理社会转变，这些转变对其未来的人格形成和社会适应具有深远影响。

针对“基本信任与不信任”阶段，婴幼儿的主要照护者承担着至关重要的角色。通过满足婴幼儿的基本生理需求——如提供充足的食物、保持身体清洁与环境舒适——照护者能够建立起婴幼儿对外部世界的初步信任感。这种信任感是婴幼儿情感安全感的基石，也是他们未来探索世界、建立积极人际关系的起点。随后，进入“自主性与羞耻怀疑”阶段，婴幼儿开始展现出对独立性和自我控制的渴望。此时，照护者应敏锐地捕捉到这一发展信号，通过鼓励婴幼儿尝试新事物（如自行进食、穿衣等）来培养其自主能力。在这一过程中，积极的反馈与肯定如同阳光雨露，滋养着婴幼儿自信心与自我效能感的茁壮成长。同时，照护者还需巧妙地设定合理的界线，确保婴幼儿在探索过程中既能获得成就感，又能保证安全，避免不必要的伤害与挫败感。值得注意的是，埃里克森的理论强调避免过度保护与批评的重要性。过度保护可能剥夺婴幼儿学习独立与应对挑战的机会，而过度批评则可能损害其自尊心与探索欲。因此，照护者应在鼓励与引导之间找到微妙的平衡，为婴幼儿创造一个既安全又充满挑战的成长环境。

---

① 陈琦，刘儒德. 当代教育心理学[M]. 北京：北京师范大学出版社，1997：187-188.

综上所述，埃里克森的心理社会发展理论为0—3岁婴幼儿的照护提供了宝贵的理论指导与实践指南。它提醒我们，婴幼儿期的发展不仅是生理上的成长，更是心理与社会的初步构建。通过科学的照护方法与策略，我们可以为婴幼儿的健康成长奠定坚实的基础，助力他们自信、独立地迈向更加宽广的人生道路。

二、行为主义理论

行为主义学派发源于20世纪初，作为西方心理学的一个关键分支，该学派的经典形式由华生创立，而后发展为新行为主义，其主要倡导者包括斯金纳与班杜拉。行为主义心理学理论深刻揭示了环境在塑造个体行为中的核心作用及其潜在的调整能力。该理论的核心机制围绕着条件反射的建立、强化的实施以及惩罚的适度运用展开，旨在通过外部刺激来引导和改善行为①。以婴幼儿为例，正向强化的策略被广泛应用，以鼓励并促进积极行为模式的形成。作为心理学的一个重要分支，行为主义侧重于直接观察并记录行为表现，探索这些行为如何受到周围环境的深刻影响，其核心理念涵盖了以下几个关键方面。

一是经典条件作用：经典行为主义理论的奠基者华生，其思想深受生理学家巴甫洛夫条件反射实验的启迪，将"刺激——反应"机制作为解析所有行为的核心框架。华生坚信，人类行为乃后天环境塑造之结果，非先天固有，环境在此过程中占据了塑造个体行为模式的主导地位，尤其对儿童成长轨迹的影响最为显著，构成了儿童发展不可或缺的核心驱动力。他提出，成年人能够通过精心设计的刺激与反应关联策略，积极干预并引导儿童行为的发展轨迹，这一观点不仅强调了环境可塑性的重要性，也体现了人类行为学习过程中的主动性与可控性。此外，华生将发展视为一个循序渐进、不断强化的连续过程，在此过程中，儿童随着年岁的增长，其对外界刺激的反应能力日益增强，刺激与反应之间的联系也愈发紧密与

① 陈琦，刘儒德．当代教育心理学［M］．北京：北京师范大学出版社，1997:45-47.

复杂，共同构建出日益丰富和多样化的行为模式。

二是操作条件作用：由斯金纳提出，其理论核心在于强调外部强化手段——特别是奖励与惩罚机制——对个体行为塑造的显著作用。在婴幼儿保育的实践中，这一理论被巧妙应用于引导婴幼儿展现出期望的行为模式。具体而言，通过实施正强化与负强化的策略，可以有效促进婴幼儿行为的正向发展。正强化作为一种正面激励措施，旨在通过给予幼儿所喜好的奖励来增强其某种特定行为的频率。例如，在观察到乐乐主动整理并收纳了自己的玩具后，母亲随即提供其钟爱的点心作为奖赏，此举即体现了正强化的应用。这一做法不仅认可了乐乐的积极行为，还进一步强化了其整理玩具的习惯，形成了行为与学习之间的正向循环。负强化则是一种通过移除或避免不愉快刺激来增强行为的方法。在此情境下，乐乐因成功整理收纳玩具而得以解除原本设定的限制条件，如当天不得观看电视的禁令。这一过程展示了负强化的操作方式，即通过消除一个不愉快的后果（不能看电视）来鼓励并维持婴幼儿的积极行为（整理玩具）。负强化同样有助于塑造婴幼儿的行为模式，使他们在面对类似情境时更倾向于做出符合期望的选择。

三是行为塑造：它指一种通过逐步强化接近目标行为的小步骤来建立复杂行为的过程。例如，在婴幼儿学习行走的过程中，通过对其每一步的微小进步给予正向反馈，促使其逐步建立起自主行走的能力。这种方法强调了行为塑造的重要性，即通过连续的、递增的激励措施，促进个体行为向期望方向发展。

四是模仿学习：由班杜拉提出，强调了通过观察和模仿他人行为来学习新行为的重要性。在儿童早期发展阶段，照护者的行为示范对于婴幼儿学习新技能至关重要。例如，照护者通过亲自展示洗手的正确步骤，不仅提供了行为的直观模型，而且通过这种示范，婴幼儿能够模仿并内化这一行为，从而学会自我照顾的基本技能。这种方法体现了社会学习理论中的模仿机制，即个体通过观察他人的行为表现和结果反馈来调整自己的行为模式。

五是环境控制：行为主义理论强调环境刺激对个体行为的塑造作用。在儿童早期发展阶段，照护者营造一个有序、卫生、安全的养育环境，能够有效地促进婴幼儿的积极行为发展，并减少不良行为的出现。通过优化环境因素，照护者能够为婴幼儿提供有利的学习条件，从而促进其健康的行为习惯和社交技能的形成。

在婴幼儿照护领域，行为主义理论可以提供一些实用的方法来理解和引导婴幼儿的行为。以下是行为主义理论的一些核心概念及其在婴幼儿照护中的应用。

（一）建立日常例行程序

建立规律的日常生活模式对于婴幼儿的健康成长至关重要。通过制定并遵循一致的作息时间表，包括规定的睡眠时间、餐饮时刻以及娱乐活动，可以促进婴幼儿形成稳定的生活习惯。这种时间管理策略有助于婴幼儿的生物钟调节，增强其对日常活动的时间预期，从而促进其生理和心理的健康发展。此外，这种结构化的日程安排还有助于减少婴幼儿的焦虑和不确定性，因为它们能够预测即将发生的活动，这对于他们的情绪稳定和行为预测具有积极影响。

（二）积极强化

在婴幼儿的行为塑造过程中，积极强化是一种有效的策略。通过提供正面的反馈，如口头表扬、身体接触（如拥抱）或小奖励（如小礼物），可以增强婴幼儿的正面行为。例如，当婴幼儿在如厕训练中取得进步时，给予及时的赞扬可以作为一种正向强化，从而增加该行为在未来发生的概率。这种方法基于操作性条件反射的原理，即通过强化与特定行为相关的后果来增加该行为的频率。这种正向的激励机制有助于婴幼儿理解哪些行为是被鼓励的，进而促进其社会行为的积极发展。

（三）避免使用惩罚

在婴幼儿行为矫正的实践中，应谨慎考虑惩罚策略的使用，因为过度严厉的惩罚可能诱发婴幼儿的恐惧反应或焦虑情绪。惩罚措施，如果不可避免，应当以温和的方式实施，并且明确指向具体的行为，而非对婴幼儿个体的全面否定。

（四）行为示范

在婴幼儿的早期教育中，照护者的行为示范对于塑造儿童的行为模式具有重要作用。照护者应通过自身的行为来体现期望婴幼儿学习的社会行为，例如礼貌待人和分享物品。这种示范教育方法比单纯的口头指导更为有效，因为它提供了直观的行为模型，使婴幼儿能够通过观察和模仿来学习。

（五）环境调整

为了减少不必要的干扰，可以调整优化婴幼儿的生活环境，照护者应考虑调整物理环境，减少潜在的干扰因素。比如，保持玩具和其他物品的有序摆放，以减少杂乱无章带来的视觉和认知干扰。合理规划活动空间，确保有足够的空间供婴幼儿自由探索和玩耍。提供适量的视觉和听觉刺激，以促进婴幼儿的感官发展，同时应当避免过度刺激。

行为主义理论为 0—3 岁婴幼儿照护提供了一套实用的方法，帮助照护者通过观察和干预婴幼儿的行为来促进其健康成长。通过运用这些原则，照护者可以有效地引导婴幼儿发展出积极的行为模式，同时减少不良行为的发生。需要注意的是，尽管行为主义理论在实践中非常有用，但也应该与其他理论（如社会文化理论、发展适宜性实践理论等）相结合，以确保婴幼儿在认知、情感和社会方面得到全面发展。

三、认知发展理论

瑞士的儿童心理学家、教育学家皮亚杰在其著作《教育科学与儿童心理学》中，将儿童智力发展阶段的概念融入教育实践，从而创立了著名的认知发展理论，对教育学科学化的发展产生了重要影响。认知发展理论在发展心理学领域占据核心地位，它详细阐述了儿童自出生至成年期认知能力的发展轨迹。根据皮亚杰的理论框架，认知发展是一个动态的建构过程，由个体与环境的互动所驱动。该理论突出了认知结构的构建与重构机制，并依据儿童的认知能力将发展过程划分为四个关键阶段（见表3-2）。

表 3-2　皮亚杰的认知发展理论①

阶段	特征	关键成就
感知运动阶段（0—2 岁左右）	①通过感官和动作来探索世界 ②发展客体永久性（理解物体即使不在视线范围内也仍然存在） ③开始区分自我与外界 ④使用简单的手段达到目标	客体永久性、反射行为的协调、问题解决的基本技能
前运算阶段（2—7 岁左右）	①开始使用符号（如语言和图画）来代表事物 ②思维受到直觉和自我中心性的影响 ③泛灵论（认为无生命物体也有生命和情感） ④思维不可逆，不能理解守恒概念（例如液体量不变，但倒入不同形状的容器时看起来不同）	语言的使用、象征性游戏、开始理解时间和空间
具体运算阶段（7—11 岁左右）	①能够执行逻辑操作，但仅限于具体的对象 ②掌握守恒原则 ③能够进行分类和序列化 ④思维具有可逆性	逻辑推理、分类、序列化、守恒概念的理解
形式运算阶段（11 岁以后）	①能够进行抽象思维和假设演绎推理 ②能够处理假设性问题和复杂的问题解决 ③思维具有灵活性	抽象思维、假设检验、理论构建

皮亚杰的认知发展理论围绕几个核心概念展开，包括图式、同化、顺应和平衡。图式是个体用以解释世界的心理框架。同化是个体将新信息纳入现有图式的过程。而顺应则是在现有图式无法适应新信息时对图式进行调整或创新的过程。平衡是指个体在图式与新经验之间寻求一致性的状态。认知发展是同化和顺应相互作用的结果，这两个过程可能不同步，但共同推动认知结构的演变。当个体尝试同化与现有图式不匹配的新信息时，可能会产生认知冲突。这种冲突会激发个体进行顺应，并调整

① 皮亚杰. 教育科学与儿童心理学[M]. 北京：文化教育出版社，1981:45-53.

其认知结构，从而适应新信息。通过这一过程，个体达到新的认知平衡，即其认知结构与环境之间的和谐一致。这一循环往复的过程，从平衡到不平衡再到新的平衡，是适应性发展的关键，也是智慧成长的核心①。皮亚杰认知发展理论认为影响认知发展的因素包括成熟(生理和神经系统的成熟)、社会环境(文化、教育和社会互动)、物理环境(物质世界的经验)和自我调节的平衡过程(个体自身的调节机制，促进认知结构的重构)。

皮亚杰的认知发展理论对0—3岁婴幼儿照护具有重要的指导意义，特别是在婴幼儿的感知运动阶段(0—2岁)。在这个阶段，婴幼儿主要通过感官体验和基本动作来认识世界。家长和照护者可以通过提供多样化的感官刺激物，如不同质地和形状的玩具来促进婴幼儿的探索行为。此外，通过捉迷藏等游戏，可以加强婴幼儿对客体永久性的理解。为了支持婴幼儿的自主探索，照护者应提供一个安全的环境，让他们自由地爬行、站立和行走。当婴幼儿进入前运算阶段的初期(2—3岁)，他们开始使用符号和语言来表达和理解周围的世界。家长和照护者可以通过提供角色扮演的玩具和道具，鼓励儿童参与游戏，这有助于他们学习社会互动和语言技能。语言的发展同样重要，家长和照护者可以通过阅读、唱歌等活动来丰富儿童的语言环境，同时鼓励他们用语言表达自己的需求和想法。在这个阶段，儿童可能还处于自我中心的思考模式，成人可以通过引导他们考虑他人的感受和观点，帮助他们逐渐发展社会认知能力。总的来说，皮亚杰的理论强调了通过提供适宜的环境和活动，支持婴幼儿在各个发展阶段的认知和社交技能的成长。

四、脑科学与早期发展理论

脑科学在婴幼儿早期发展研究中占据重要地位，尤其在0—3岁这一关键时期。在这一时期，婴幼儿大脑经历了显著的发育变化，神经元之间

---

① 丁芳，熊哲宏. 智慧的发生——皮亚杰学派心理学[M]. 济南：山东教育出版社，2009:78-80.

的连接(突触)数量急剧增长,之后通过一个称为修剪的过程优化这些连接,仅保留那些最强和最活跃的。在新生儿的第一年,大脑以每秒700—1000个连接的速率形成新的神经元联系,这一速度体现了早期大脑发育的活跃性[①]。至7岁时,个体的神经系统可塑性已降至生命初期的一半左右[②],在婴幼儿阶段,大脑的活跃程度远超成人,3岁儿童的大脑活动强度大约是成人的2—3.5倍[③]。大脑的早期发展在人类整体成长中扮演着关键角色。在生命的早期阶段,大脑发育所需的能量可占到总能量的50%—75%,相比之下,成年人大脑的能量消耗仅占总体能量的30%左右[④]。大脑在生命早期的自适应性发展是人类适应历史环境的关键因素之一。儿童早期大脑的发育速度和质量在很大程度上受环境刺激的影响。充满刺激的环境和积极的互动能够促进神经元连接的建立和强化,对儿童的认知、语言、情感和社交能力产生正面效果。婴幼儿在某些特定的发展阶段(关键期和敏感期)对特定刺激特别敏感,这些时期对大脑的发育至关重要。大脑的成熟是一个持续的过程,它在婴幼儿时期迅速发展,并在幼儿期之后继续成熟。在婴幼儿这一关键时期,大脑遵循"用进废退"的原则,即经常使用的神经通路会得到加强,而不常使用的则可能减弱[⑤]。

---

① Shonkoff J P, Phillips D A. From Neurons to Neighborhoods: The Science of Early Childhood Development[M]. Washington, D. C.: National Academy Press, 2000: 85.

② Nelson C A. The Neurobiological Bases of Early Intervention. In Handbook of Early Childhood Intervention[M]. Cambridge: Cambridge University Press, 2000: 204-207.

③ Brotherson S E. Understanding Brain Development in Young Children[M]. Fargo, N. D.: NDSU Extension Service, 2005: 15.

④ Walter C. Last Ape Standing: The Seven-Million-Year Story of How and Why We Survived[M]. New York, NY: Bloomsbury Publishing USA, 2013: 13.

⑤ Giedd J N, Blumenthal J, Jeffries N O, et al. Brain Development During Childhood and Adolescence: A Longitudinal MRI Study[J]. Nature Neuroscience, 1999, 2(10): 861-863.

脑科学研究为0—3岁婴幼儿的早期教育提供了宝贵的指导，强调了以下几个方面:①提供多样化环境，为了支持儿童大脑的充分发展，照护者应创造一个包含多种刺激的环境，以激发儿童的探索欲和好奇心。②利用关键发展期，在儿童成长的适当阶段提供适宜的刺激，如语言、音乐和体育活动，有助于形成有效的神经通路。③促进全脑协调，鼓励儿童全面成长，避免过分偏重某一侧大脑的发展，例如，不强制改变儿童的自然用手习惯。

脑科学研究揭示了婴幼儿大脑发育的机制，并为早期教育策略提供了科学基础。通过识别大脑发展的关键时期，以及提供适宜的环境刺激，可以支持儿童在这一关键时期充分利用潜能，为长期发展打下坚实基础。了解婴幼儿在不同发展阶段的需求，并采取相应措施，有助于促进他们在认知、情感和社会技能方面的全面发展。早期积极的照护不仅有助于婴幼儿当前的进步，也是为其未来成功奠定基础的关键。

五、依恋理论

鲍尔比的依恋理论是关于人类个体之间关系的心理学、进化论和行为学理论。这个理论特别强调了早期亲子关系的重要性。依恋描述了婴儿与主要照护者(通常是母亲)之间的情感联系，鲍尔比视其为人类的基本需求，对个体的生存和成长至关重要。这种联系在生物学上具有基础，并在进化过程中扮演了关键角色。依恋行为，如寻求亲近、哭泣和紧抓，有助于婴儿保持与照护者的联系，确保其安全和保护。这种关系为儿童提供了一个“安全基地”，使他们能够在探索环境时感到安全，明白总有一个地方可以寻求安慰和支持。通过依恋，儿童能够在成长过程中建立信任感和安全感，这对他们的整体发展至关重要。

玛丽·安斯沃斯通过“陌生情境”实验识别了主要的依恋类型:安全型、回避型、矛盾型，以及后来定义的混乱型。安全型依恋的儿童在与主要照护者分离后能够顺利地重聚并表现出积极的互动。而回避型、矛盾型和混乱型依恋的儿童在重聚时会有不同的反应，这些均被归类为不安全依恋。依恋关系的形成通常在婴儿早期开始，并在两岁时达到一个关键的发展阶段。依恋的发展可以划分为几个阶段：前依恋期（0—3 个月）、依恋关系建立期（3—7 个月）、依恋关系明确期（7 个月—2 岁左右）。依恋关系一旦形成，依恋模式往往相对稳定，并可能对个体未来的人际关系产生长远影响[①]。

依恋理论强调了早期人际互动对个体长期发展的关键作用。一个稳定和安全的依恋关系有助于促进个体在社交和情感方面的健康成长，而早期的不良依恋体验也可能带来长期的影响。这一理论对心理学领域产生了广泛影响，并为育儿、教育和制定社会政策提供了指导。在婴幼儿照护实践中，依恋理论建议照护者在婴儿早期提供温暖、一致性和及时响应的照顾，以促进安全依恋的形成。对婴儿的需求做出迅速和敏感的反应，如及时安抚哭泣的婴儿，有助于培养安全型依恋，使婴儿学会信任并寻求帮助。营造一个安全和支持性的环境，鼓励婴儿探索周围世界，对认知和社交技能的发展至关重要。情感上的可接近性和理解支持，有助于婴儿发展积极的情感调节能力。保持一致的日常安排，如规律的喂养和睡眠模式，为婴儿提供可预测性，增强安全感。通过眼神交流、微笑、拥抱和游戏等互动，加强与婴儿的身体和情感联系，有助于加深彼此的关系，促进婴儿的全面发展。

六、生态系统理论

美国心理学家布朗芬布伦纳于 20 世纪 70 年代提出的生态系统理论，强调了个体的发展是与外部环境互动的结果。该理论将环境视为一个动态且与个体紧密相连的整体，包括直接影响个体的直接环境和间接

---

① 张玉沛. 情感联结的意义——约翰·鲍尔比依恋理论研究[D]. 南京：南京师范大学，2012.

影响个体的外围环境。系统中的各个环境单元，如家庭、学校、社区等，它们以多层次、多性质的形式相互联系，构成了一个复杂的网络，既具有内在的凝聚力，也能对外部产生影响①。生态系统理论深入探讨了个体与随时间变化的环境之间的相互关系，提倡采用多维度的视角来分析影响个体成长的多种因素。根据这一理论，个体与家庭、学校、社会等环境因素之间存在着密切的相互依赖和相互影响，个体的发展是在这些互动中不断塑造和推进的。这种理论框架强调了个体成长过程中环境因素的复杂性和动态性②。

美国心理学家布朗芬布伦纳的生态系统理论将个体发展的环境互动划分为四个系统，包括微观系统、中观系统、外观系统和宏观系统。这些系统相互交织，构成一个复杂且互相作用的网络，展示了个体在不同环境系统下的成长影响。微观系统也可以称为小环境系统，是指个体直接所处的环境，包括活动、角色关系和人际互动，涉及个人的生理心理特点以及直接影响他们的亲近人物，如父母、教师等。这一系统中，角色扮演至关重要，它定义了与社会地位相关的一系列活动和关系。家长在家庭与幼儿园合作中对自身角色的明确认识，对共育成效有正面作用。中观系统，也称为中环境系统，关注个体活跃的多个环境之间的相互作用，如家庭与学校的互动，或是成人生活领域的交织。对儿童而言，家庭、学校和邻里等关系构成其重要的中间系统。外观系统，或称外环境系统，涉及个体虽不直接参与但受其影响的环境，这些环境间接作用于个体发展。宏观系统，作为最外围的大环境系统，反映了较低层级系统在更广阔文化或亚文化背景下的统一性和形式③。生态系统理论模型如图3-1所示。

---

① 范国睿.教育生态学[M].北京：人民教育出版社，2000:21.

② 虞永平，等.学前课程的多视角透视[M].南京：江苏教育出版社，2006:340.

③ 刘杰，孟会敏.关于布郎芬布伦纳发展心理学生态系统理论[J].中国健康心理学杂志，2009，17(2):250-252.

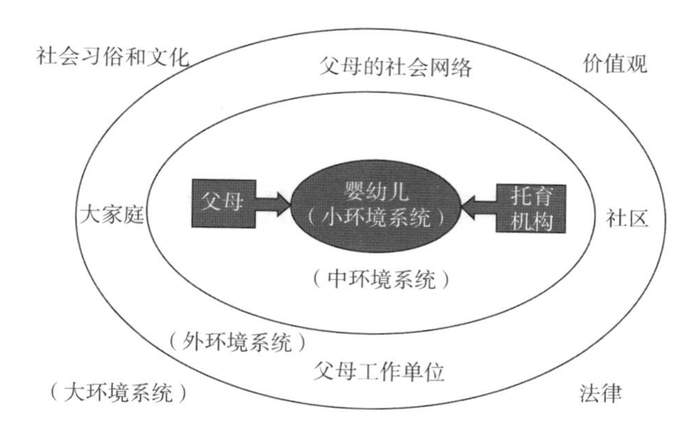

图 3-1 生态系统理论模型

生态系统理论对婴幼儿照护的应用主要体现在以下几个方面：①家庭和托育机构应创设一个温馨、支持性强且安全的环境，以丰富的感官体验和探索活动，如各类玩具、阅读材料和音乐，来满足婴幼儿的发展需求；②促进家庭与教育机构之间的紧密合作，通过定期的沟通和活动，如家长会和家访，确保婴幼儿在家庭和学校之间获得连贯的成长体验，从而加强双方的联系和理解；③利用社区资源，如图书馆、公园、游乐场等，为婴幼儿创造多样化的成长和探索机会。同时，社区可以提供育儿指导课程和家长互助小组，以支持家庭的育儿需求；④积极推动和支持对婴幼儿成长有益的政策，包括提供优质的早教和照护服务。同时，争取政府与社会各界的支持，以确保婴幼儿得到最佳的关怀和成长条件；⑤随着婴幼儿成长，照护者应灵活调整照护方法，以适应他们不断变化的发展需求。

借助生态系统理论，我们能更深入地洞察 0—3 岁婴幼儿在成长过程中遇到的各种环境因素，并实施全面的策略以支持他们的整体发展。这种全方位的照护方式有助于构建一个充满支持的成长氛围，从而对婴幼儿的长期成长产生正面效应。

七、社会文化理论

社会文化理论是由苏联心理学家维果茨基提出的，该理论强调了社会交往和文化环境对个体认知成长的作用。这一理论着重探讨了社会背景、文化工具以及人际交往对学习和发展的影响。社会文化理论的核心概念包括：①社会互动，认知发展是通过人与人之间的互动，特别是成人与儿童之间的交流而逐步构建的，这种互动对儿童的认知成长极为关键。②文化工具，它指社会文化环境中使用的符号、语言、书写等，它们在社会文化背景中用于知识的传递与增长。这些工具不仅限于实体物品，也包括社会习俗、传统和价值观等抽象的文化要素。③最近发展区，它是指儿童在成人或能力较强的同伴辅助下能完成的任务范围与他们独立操作时所能完成的任务范围之间的差异。成人或同伴通过提供指导和支持，协助儿童超越当前能力，以此促进他们的认知发展。④内化过程，它涉及个体将社会文化环境中的工具和技能吸收并转化为个人的心理能力。在与他人的互动中，儿童逐步掌握运用这些工具解决问题和进行思考的方法。

社会文化理论在婴幼儿照护中的应用包括：①促进婴幼儿和照护者及同伴间的正面互动，利用游戏、叙述故事、歌唱等活动来提升他们的语言交流和社交能力。②让婴幼儿参与多样化的文化活动，包括节日庆典、传统故事和歌曲学习。利用图书、绘画等文化工具扩展他们的认知视野。③通过最近发展区激发学习潜力，评估婴幼儿的当前能力，并据此确定其潜在的发展区域。在适宜的引导和帮助下，鼓励婴幼儿迎接略高于他们现有水平的挑战，以此促进学习和成长。④加强内化学习，在日常互动中引导婴幼儿将外界经验内化为自己的知识和技能。比如，婴幼儿通过模仿成人，学习使用餐具进食或与他人分享物品。⑤重视家庭与文化多样性，提供定制化的支持，以适应每个婴幼儿独特的家庭和文化背景。与家庭紧密合作，尊重并融入他们的文化价值观，以促进婴幼儿的全面发展。

社会文化理论指出，社会互动和文化环境对个体的成长极为关键。在 0—3 岁婴幼儿的照护中，营造积极的社交氛围，提供多元文化体验，运用最近发展区理念来激发学习，同时重视每个婴幼儿的家庭和文化特色，这些都是支持婴幼儿在认知、情感和社交领域全面发展的有效策略。在实际应用中，定期朗读故事书、给婴幼儿听故事可以提升他们的语言能力，借助故事情节可帮助他们学习社会规范和价值观念。举办多元文化节日庆典，让婴幼儿接触多样的文化传统，培养其跨文化素养。亲子游戏不仅能提升婴幼儿的认知和社交技能，还能增进家庭成员间的关系。

第二节　婴幼儿照护的基本原则

0—3岁对婴幼儿而言是成长和学习的黄金时期，这一时期他们不仅身体迅速成长，认知、情感和社会技能也快速发展。因此，确保0—3岁婴幼儿获得恰当的照护和支持至关重要。以下是一些关键的照护原则，旨在为这一年龄段的婴幼儿提供适宜的关怀和发展环境。

一、安全性照护

在婴幼儿照护中，安全是首要原则。由于婴幼儿自我保护能力有限，容易受到意外、疾病和心理压力的伤害。因此，照护人员在进行照护工作时，应优先保障婴幼儿在照护环境中的安全。

首先，专业照护人员需提供一个符合卫生安全标准的养育环境，确保婴幼儿的生活空间不存在潜在的危害因素。这涉及定期进行环境风险评估，以及对生活空间进行系统性的安全审计。在环境布局和物品陈列方面，照护者应采取预防性措施，如实施物理分离和妥善存放危险物品，以减少婴幼儿接触危险源的可能性，并确保室内固定装置的安全性，进行周期性的安全检查。

其次，照护人员还应根据婴幼儿的成长阶段和认知水平，实施相应的安全教育和自我保护技能培训。例如，应结合发展心理学和儿童安全教育的现有研究，帮助婴幼儿建立安全意识和良好的行为习惯。

最后，照护者应创造一个充满心理关爱的环境，营造宽容的氛围，尊重个体差异，进行丰富的情感交流。这样的环境对于婴幼儿的情感成长、社交技能和心理适应力的发展极为关键。总体而言，专业照护人员在婴幼儿照护中，需同时关注环境的物理安全、儿童心理学原则和情感养育等要素。

二、回应性照护

对于 0—3 岁的婴幼儿而言，回应性的照护是促进其健康成长的关键因素①。这是一种以婴幼儿的心理和情感需求为中心的照护方式，它侧重于在照护过程中与婴幼儿建立正面的联系，并对婴幼儿的行为做出适时和恰当的反应。照护者需迅速回应婴幼儿的睡眠、饮食和情绪等个性化需求②。回应式照护基于对婴幼儿作为独立个体的认识，强调照护中要尊重他们、给予适当的反应，并与他们建立良好的关系，以支持他们在身体、情感和社交方面健康成长。这一方法涵盖了尊重、响应和建立联系三个关键方面：①尊重在婴幼儿照护中体现为认可婴幼儿作为具有独特情感和需求的个体。照护者需识别婴幼儿通过哭泣、面部表情和身体动作等非言语方式进行的沟通，并为其提供做出选择的机会，从而促进婴幼儿表达个人偏好和意愿的能力。这种做法有助于增强婴幼儿的自主性和与外界的有效交流。②响应性涉及对婴幼儿信号的及时和适宜反馈。这种互动有助于培养婴幼儿的信任和安全感知能力。通过语言和非语言交流方式与婴幼儿建立情感联系，可以加强他们的情感安全感。③关系构建尤其强调婴幼儿与其主要照护者之间形成稳定且充满积极互动的人际联系。这种联系通过提供支持和鼓励，促进婴幼儿形成安全和健康的依恋。同时，照护者应激励婴幼儿探索环境，在此过程中给予适当的引导和保护，以支持其全面发展。

回应式照护原则在指导 0—3 岁婴幼儿照护时的具体实施方法包括：①照护者应该熟悉婴幼儿在不同成长阶段的身心特点，以便更好地理解

---

① Brebner C, Hammond L, Schaumloffel N, et al. Using relationships as a tool: early childhood educators' perspectives of the child-caregiver relationship in a childcare setting[J]. Early Child Development and Care, 2015, 185(5): 709-726.

② Kovach B A, Daros M. Respectful, individual, and responsive care giving for infants: The key to successful care in group settings[J]. Young Children, 1998, 53(3): 61-64.

他们的行为和需求。②仔细观察婴幼儿的行为，尝试理解其背后的原因。注意到婴幼儿的非言语信号，如面部表情和身体动作，并尝试解读这些信号所传达的信息。③当婴幼儿发出信号时，照护者应及时给予回应，并通过语言和非语言的方式与婴幼儿进行交流，如眼神接触、拥抱、抚摸等。④创建一个可预测的日程安排，帮助婴幼儿建立对日常活动的预期，通过固定的日常活动来增强婴幼儿的安全感。⑤使用积极的语言和表情来肯定婴幼儿的努力和成就，避免使用负面的反馈或惩罚。⑥鼓励婴幼儿在安全的范围内探索和实验。给予婴幼儿适当的选择权，让他们在日常生活中做一些决定。⑦家长和照护者通过稳定的情感支持帮助婴幼儿管理情绪，教授他们如何表达情感和解决冲突。

在婴幼儿照护实践中，家长及主要照护者可有效运用回应式照护理念，这一模式强调预见性沟通、敏锐观察与积极反馈的循环。具体而言，在日常护理活动如更换尿布、喂食及沐浴时，照护者应采取前置性告知策略，预先说明即将进行的步骤，随后耐心观察婴幼儿的非言语反应，如眼神交流、肢体动作等，并据此以鼓励性方式作出及时且适宜的回应。此做法不仅体现了对婴幼儿主体性的尊重，还促进了其安全感与信任感的建立。为进一步促进婴幼儿的全面发展，照护者应定期开展共读活动，选取适龄故事，生动讲述、启发式提问及深入讨论，不仅可以丰富婴幼儿的语言环境，还可以加深情感纽带，促进其语言理解与表达能力的发展。同时，利用简单而富有创意的游戏，如捉迷藏、积木搭建等，不仅可以强化亲子间的亲密互动，还可以巧妙地激发婴幼儿的认知探索欲与初步社交技能，为其日后的学习与人际交往奠定坚实基础。这种基于回应式照护原则的实践框架，其核心价值在于构建一种以婴幼儿为中心、注重情感连接与互动质量的照护环境。其应用范围广泛，不仅局限于家庭内部，同样适用于托育机构、早教中心等专业化婴幼儿照护场所。在这些环境中，专业照护人员应接受相应培训，确保能够灵活运用回应式照护策略，为婴幼儿提供一个支持性、刺激性与关爱性并存的成长环境，全面促进其身体、情感、认知及社会性等多维度的健康发展。

三、主要性照护

主要性照护更多的适用于集体的照护环境中，旨在促进照护者与婴幼儿之间的亲密关系。在这种模式下，每位婴幼儿由一到两名主要照护者负责，以确保照护的连贯性和个性化。例如，在教室环境中，照护者可能分工负责不同的婴幼儿群体，从而确保每位照护者都能充分关注并理解他们所负责的婴幼儿的需求和个性。这种分工方式允许照护者投入必要的时间和精力去深入了解每位婴幼儿的性格、家庭背景和行为习惯，从而能够更准确地响应他们的需求。主要照护者通常负责婴幼儿的日常照护任务，如更换尿布、喂食和安排午睡时间，确保在这些关键时期为婴幼儿提供稳定和连续的关怀。采用这种模式，照护者得以与婴幼儿建立起信赖关系，营造一个充满安全感且支持性的成长空间，这对于婴幼儿的情感稳定性和社交适应技能的成长至关重要。主要性照护模式强调了照护者与婴幼儿之间一对一关系的重要性，以及这种关系在促进婴幼儿全面发展中的作用。

四、一致性照护

为了实现照护的一致性，首先，每位照护者应确保自己对婴幼儿的要求在不同时间和情境下保持一致。其次，不同照护者之间应协调一致，共同遵循一套明确的照护标准和行为准则。这种一致性不仅有助于建立照护者之间的协作关系，还能为婴幼儿提供一个稳定和和谐的环境，这对于促进婴幼儿均衡和协调的发展至关重要。一致性照护的实践通过确保照护者之间的行为和期望相匹配，帮助婴幼儿形成明确的期望和规则意识，从而在情感、社会和认知等各方面获得一致的支持和引导。这种照护方式有助于营造一个温馨、支持性的成长环境，使婴幼儿能够在一致的关爱和教育下茁壮成长。

五、持续性照护

依恋理论指出，婴幼儿与照护者之间积极情感联系的建立需要时间的积累。持续性照护是一种照护模式，它涉及同一名或一组照护者与婴幼儿在较长时间内（如几个月或更久）的连续互动，以促进强有力的依恋关系形成。这种照护方式被认为是高质量婴幼儿照护服务的关键组成部分。持续性照护的核心在于维持照护关系的时间连续性。在实际应用中，这种照护可以采取多种形式。例如，在婴幼儿成长早期，照护者可以在一个固定的环境中，根据婴幼儿的需求调整环境设置，以适应其发展变化。或者，照护者可以与婴幼儿一同迁移到一个新的、更适合其年龄和发展阶段的环境中。无论采取哪种形式，持续性照护都强调在生命早期，尤其是前三年，照护者与婴幼儿之间建立稳定、安全且牢固的依恋关系的重要性。

通过持续性照护，婴幼儿能够在一个可预测和支持性的环境中成长，这有助于他们建立信任感、安全感以及与他人建立健康关系的能力。这种照护模式为婴幼儿提供了一个连续性和一致性的体验，这对于他们的情感发展和社会适应能力的形成至关重要。

六、适宜性照护

在婴幼儿照护实践中，重要的是认识到每个婴幼儿的发展路径和节奏都是独一无二的。因此，照护者应尊重每个婴幼儿的独特性，避免将其与同龄人进行不恰当的比较。照护计划应根据婴幼儿的个性特征和成长需求量身定制，以确保其个性化需求得到满足。适宜性照护的理论来源于发展适宜性实践（developmentally appropriate practice，简称 DAP），这是一种广泛应用于早期教育领域的理论和实践指南。它由美国幼儿教育协会提出，旨在确保婴幼儿和学龄前儿童的教育活动既能满足他们的当前发展水平，又能促进他们的成长和发展。DAP 强调了教育实践应该符合儿童的年龄特点、个体差异以及文化背景。

适宜性照护原则包括以下几点：①基于婴幼儿发展的知识，教育者应该了解婴幼儿在各个发展阶段的典型行为和发展里程碑。理解每个年龄段婴幼儿的认知、情感、社会性和身体发展的特点。②个体差异，承认每个婴幼儿都是独一无二的个体，具有不同的兴趣、能力和背景。教育活动应当考虑到婴幼儿的个体差异，提供多样化的学习机会。③文化相关性，尊重和反映婴幼儿所在社区的文化、语言和价值观。教育者需要了解婴幼儿的家庭背景，并将其纳入教学计划中。④主动学习，提供丰富的材料和经验，鼓励婴幼儿通过探索和发现来学习。创造有利于婴幼儿主动参与的环境。⑤积极的互动和支持，教师和照护者应该作为支持者、观察者和指导者，而不是仅传授知识的角色。通过积极的反馈和指导来促进婴幼儿的发展。⑥有意义的评估，使用持续性的、基于观察的方法来评估婴幼儿的进步。评估应该是个体化的，用于改进教学策略和满足婴幼儿的需求。

基于适应性原则进行照护实践，一是应该创设适宜的学习环境，为不同年龄段的婴幼儿准备合适的材料和玩具，比如为婴儿提供柔软的布书，为学步期的婴幼儿提供积木和拼图。设计开放式的活动区域，如阅读角、建构区、艺术创作区等，鼓励婴幼儿自由探索。二是个性化教学，观察每个婴幼儿的兴趣和发展水平，提供适合他们需求的活动。对于语言发展较慢的婴幼儿，可以增加语言交流的机会；对于运动能力强的婴幼儿，则可以提供更多的体育活动。三是文化包容性，在课程设计中融入多元文化的内容，如讲述来自不同文化背景的故事，庆祝各种文化节日，让婴幼儿有机会了解和尊重不同的文化传统。四是家长参与，鼓励家长参与到孩子的学习过程中，通过家校合作来支持婴幼儿的成长。定期与家长沟通，了解家庭的文化习惯和个人偏好，以便更好地适应婴幼儿的需求。五是专业发展，教育工作者需要不断学习和发展自己的专业知识和技能，以确保提供的教育实践是最新的、最有效的。同时参加专业培训，了解最新的研究成果和最佳实践。

七、全面性照护

在0—3岁婴幼儿的照护过程中，全面性原则的贯彻至关重要，它要求我们在全人发展理论（holistic development theory）的指导下，综合考量并促进婴幼儿在身体、情感、认知、社会性及道德等多个维度的均衡发展。这一原则强调婴幼儿的成长是一个多维度交织、相互促进的过程，任何单一方面的忽视都可能对其整体发展造成不利影响。①身体发展的促进，婴幼儿的身体发展是其全面成长的基石，包括大肌肉群与精细动作技能的同步发展，以及整体健康水平与身体协调性的提升。定制化的体育活动、游戏化的日常锻炼，以及鼓励自然探索的环境设计，可以有效促进婴幼儿体质的增强与运动潜能的挖掘，为后续体能与运动技能的发展奠定稳固基础。②认知能力的深化与拓展，婴幼儿的认知发展体现在思维、记忆、问题解决及创新能力等多个维度。构建一个富含认知刺激的学习生态，融入丰富的教育资源与互动体验（如早期阅读、逻辑思维游戏、简单科学实验），可以激发婴幼儿的好奇心，促进其认知框架的构建与深化，为其终身学习奠定认知基础。③情感健康的培育与维护，情感发展是婴幼儿心理健康的核心组成部分。通过建立积极正向的情感交流环境，实施情感支持策略，帮助婴幼儿掌握情绪调节技巧，增强自我认知与情感表达能力，从而构建起稳固的情感安全网。一个充满爱、接纳与理解的家庭与社交环境，对婴幼儿情感健康的发展至关重要。④社会交往能力的启蒙与提升，社会性是婴幼儿社会适应能力的关键。通过组织社交活动，鼓励婴幼儿与不同年龄层次的个体（包括同伴与成人）进行互动，可以促进其社交技能的初步形成，如轮流、分享、合作与协商等。这些经历不仅有助于婴幼儿理解社会规范，还可以促进其同情心、同理心及合作精神的萌芽。⑤道德观念的初步塑造，道德发展是婴幼儿品德教育的起点，涉及价值观、责任感与同情心的塑造。可利用日常生活中的道德情境、讲述道德故事及模拟道德抉择等方式，引导婴幼儿体验并理解道德原则，培养其初步的道德判断力与行为选择能力，为其未来成为具有道德责任感的社会成员奠定坚实基础。⑥创造性潜能的发掘与激发,创造性是婴幼儿内在潜能的重要体现。通过提供多样化的艺术创作材料、音乐与舞蹈体验、戏剧表演等创意活动,激发婴幼儿的想象力与创造力,鼓励其自由表达与个性发展。这一过程不仅促进了婴幼儿审美情趣的培养,还为其未来在艺术与科学领域的探索与创新提供了无限可能。

综上所述,全面性照护原则在 0—3 岁婴幼儿照护领域的贯彻,深刻体现了对婴幼儿全面发展与均衡成长的深刻洞察,同时彰显了科学育儿理念在推动婴幼儿综合素质提升中的核心作用。该原则旨在构建一个多维度、立体化的成长环境,确保婴幼儿在身体、情感、认知、社会性及道德等多方面得到均衡发展,为其长远的学术成就、社会适应及人格完善奠定坚实的早期基础。

婴幼儿发展的基础理论及照护原则,不仅为照护者提供了实施科学照护的坚实理论依据,也为政策决策者提供了战略指引,可助力他们规划并实施更加精准、高效的婴幼儿照护服务体系与支持策略。通过这些措施,可以有效促进婴幼儿潜能的最大化发挥,为其成长之路铺设坚实而全面的基石。

第四章　0—3 岁婴幼儿日常照护与早期教育

第一节　0—3 岁婴幼儿发育特点与照护要点

个人的发展包括生理发展、认知发展和社会发展，生理发展和心理发展联系紧密、无法分割[①]。黛安娜·帕帕拉的著作《孩子的世界》[②]强调了发展学家如何研究儿童在不同领域的成长，这种研究覆盖了整个儿童成长阶段。生理成长涉及身体和大脑的成熟，感官和运动技能的提升，以及健康状态，这些都是影响其他发展领域的关键因素。例如，通常患有眼疾的儿童可能在语言能力上落后于同龄人。认知成长涉及学习、记忆、语言、思维、逻辑推理及创造力等心理机能的演进，它与生理发展以及情感和社交技能的成长密切相关。例如，语言发展较慢的儿童可能更容易受到环境压力，这种环境的压力也会影响他们的心理健康。情感、个性和社会关系的变化构成了心理社会发展的一部分，它同样对认知和生理发展产生影响。例如，经常感到焦虑的儿童可能在与同伴交往中遇到更多问题，这可能进一步影响他们的学业成绩。因此，在评估婴幼儿的早期发展时，也不能仅从一个维度来衡量，而应该综合考虑多方面的因素。

---

① Diamond A, Barnett W S, Thomas J, et al. The early years preschool program improves cognitive control[J]. Science, 2007, 318(5855): 1387-1388.

② 黛安娜·帕帕拉，萨莉·奥尔兹，露丝·费尔德曼. 孩子的世界：从婴幼儿期到青春期[M]. 北京：北京邮电出版社，2011：78.

一、0—3 岁婴幼儿发育特点

0—3 岁婴幼儿的生理、认知和社会性发展是一个充满活力且多维的过程，遵循四大核心原则，这些原则共同决定了婴幼儿成长的独特路径。①阶段性和连续性，婴幼儿的成长是一个阶段性和连续性共存的过程。这个过程不是瞬间完成的，而是通过一系列相互连接、逐渐深化的阶段来实现的。每个阶段都建立在其前一阶段的基础上，通过量变达到质变。尤其是在生命的早期阶段，婴幼儿的生长速度特别快，并且这一发展过程是不可逆的，凸显了早期生命阶段的重要性。②不平衡性，婴幼儿体内各个器官系统的发展并不是同步的，而是表现出明显的非均衡性。例如，在婴儿出生的第一年内，身高的增长和体重的增加是最显著的标志，但神经系统的发展却以更快的速度推进，这对婴幼儿的感觉、认知能力和行为控制有着深刻的影响。③顺序性，婴幼儿的身体发育遵循一定的顺序性和方向性，一般是从上到下，由近及远。这意味着婴儿首先会学会控制头部，例如抬头；其次是躯干的稳定性增强，如翻身和坐起；最后则是四肢的运动能力提升，婴儿学会爬行、站立直至走路。这种顺序性不仅体现在身体的不同部位，还展现了婴幼儿发展的系统性和协调性。④个体差异性，婴幼儿的生长发育受到遗传、环境、养育方式和个人活动水平等多种复杂因素的影响。这些因素的相互作用使得即使在同一年龄段，不同的婴幼儿在发展水平上也会有显著差异。这种个体差异性强调了婴幼儿发展的多样性和复杂性，提醒我们既要认识到普遍的发展规律，也要尊重每个婴幼儿独一无二的成长节奏和潜力①。

0—3 岁婴幼儿的身心发展总体上呈现持续的进步与提升，心理发展表现出以下趋势：①从基础到高级，婴幼儿的认知从简单的反应逐渐过渡到复杂的思维过程。②从直观到抽象，婴幼儿的理解力最初依赖于直接的感官体验，随着时间推移，他们开始理解更加抽象的概念。③从被动到

---

① 杨子萍. 婴幼儿保育与教育[M]. 北京：中国人民大学出版社，2022:29.

主动，随着年龄的增长，婴幼儿从对外界刺激作出被动反应转变为能够主动探索周围环境。④从无序到有序，婴幼儿的行为和认知模式最初可能是随机的，但逐渐形成了一套更加系统化和有组织的方式[①]。

基于 0—3 岁婴幼儿生长发育的规律和特点，以下分月龄介绍婴幼儿生长发育的特点。

（一）0—3 岁婴幼儿的体格发育

0—3 岁婴幼儿的体格发育指标主要包括身长、体重和头围方面，这些指标数据的均值如表 4-1 所示。

表 4-1 婴幼儿的体格发育指标

月龄	身长平均值/cm		体重平均值/kg		头围平均值/cm	
	女	男	女	男	女	男
出生时	49.7	50.4	3.21	3.32	34.0	34.5
1	53.7	54.8	4.20	4.51	36.2	36.9
2	57.4	58.7	5.21	5.68	38.0	38.9
3	60.6	62.0	6.13	6.70	39.5	40.5
4	63.1	64.6	6.83	7.45	40.7	41.7
5	65.2	66.7	7.36	8.00	41.6	42.7
6	66.8	68.4	7.77	8.41	42.4	43.6
7	68.2	69.8	8.11	8.76	43.1	44.2
8	69.6	71.2	8.41	9.05	43.6	44.8
9	71.0	72.6	8.69	9.33	44.1	45.3
10	72.4	74.0	8.94	9.58	44.5	45.7
11	73.7	75.3	9.18	9.83	44.9	46.1
12	75.0	76.5	9.40	10.05	45.1	46.4
15	78.5	79.8	10.02	10.68	45.8	47.0

① 葛静霞，李志华，王玉红．学前儿童发展心理学[M]．杭州：浙江大学出版社，2022:30-32.

续表

月龄	身长平均值/cm		体重平均值/kg		头围平均值/cm	
	女	男	女	男	女	男
18	81.5	82.7	10.65	11.29	46.4	47.6
21	84.4	85.6	11.30	11.93	46.9	48.0
24	87.2	88.5	11.92	12.54	47.3	48.4
27	89.8	91.1	12.50	13.11	47.7	48.8
30	92.1	93.3	13.05	13.64	48.0	49.1
33	94.3	95.4	13.59	14.15	48.3	49.3
36	96.3	97.5	14.13	14.65	48.5	49.6

资料来源:中华人民共和国国家卫生健康委员会妇幼保健与社区卫生司编制的《中国 7 岁以下儿童生长发育参照标准》。

(二)不同月龄婴幼儿的生长发育特点

1. 0—3 个月

体格发育:新生儿平均体重约为 3.3 千克,身长约为 50 厘米。新生儿在出生后的几周内可能出现暂时的体重下降,随后迅速恢复并增长。通常情况下,婴儿在出生后的前几个月内每周增重约 150 克。新生儿头部相对较大,约占身体重量的四分之一。

神经系统:大脑发育迅速,脑容量快速增长,神经元连接不断增加。

视觉与听觉:视力有限,仅能看清近处的物体,听力已相当发达。

动作发展:主要依赖反射行为,如吮吸反射。颈部力量不足,需要支撑头部,四肢动作不协调,经常用力踢腿和挥动手臂。

睡眠特点:大部分时间处于睡眠状态,每天需睡 18 小时左右,睡眠周期短,白天睡眠次数约为 4 次,白天睡眠时间约为 1.5—2 小时。

消化系统:消化系统逐步成熟,母乳喂养者大便呈金黄色、糊状;奶粉喂养者则为淡黄色、软膏状。

认知发展:能识别光线和强烈对比的图案,对母亲的声音特别敏感,对不同味道有不同反应。

语言发展：可发出细微的喉音，有不同的哭声，对高音敏感。

情感发展：基本情绪反应，如哭闹、微笑，主要是为了满足生理需求。社交性微笑(2 个月左右出现)，标志着婴儿开始意识到他人，并能对人际互动做出反应。

社会性发展：与主要照护者建立依恋关系，偏好人脸，试图与之互动。

2. 4—6 个月

体格发育：体重继续快速增长，大约每月增加 500—600 克。

头部控制：能够抬起头部，支撑颈部，但还不够稳定。

动作发展：开始学会翻身，尝试抓握玩具，眼睛和手的协调性增强。学习坐立，但需要支撑。

睡眠特点：每天需睡 15—16 小时左右，白天睡眠次数约为 2 次，白天每次睡眠时间约为 2 小时。

认知发展：视觉追踪能力改善，通过触摸和探索了解物体，出现物体恒存性初步迹象，即使不在视线范围内的物体也能感知其存在。

情感发展：能区分熟人和陌生人，可能对陌生人感到害怕或警惕，情绪反应更丰富，如大笑、皱眉等。

社会性发展：更多地参与社交游戏，如“捉迷藏”。通过观察成人表情和行为学习互动方式，开始展现出真正的社交微笑，对周围的人表现出兴趣。

3. 7—12 个月

体格发育：7—12 个月的婴儿继续增重，但速度开始减慢。通常在 6 个月左右开始长出第一颗牙齿，到 12 个月末，婴儿一般已经长出了 6—8 颗牙齿。此阶段，婴儿身体各器官的构造和机能均在迅速发育和成熟中。

动作发展：大多数婴儿在 6—10 个月之间开始爬行，学会站立并尝试走路，能更熟练地抓取小物件，如食物碎片。

语言发展：开始模仿声音，发出类似单词的声音。

认知发展：客体恒存性概念进一步发展，使用简单手势交流，通过模仿学习新行为。

情感发展：情绪调节能力增强，处理分离焦虑，尤其与父母分离时更为明显。

社会性发展:依恋关系强化,可能更依赖特定的照顾者。开始展示同理心,比如当看到别人哭泣时会表现出关心。

4. 13—24个月

体格发育:身高的增长速度开始放缓,13个月时幼儿的体重约为出生时候的3倍,即9—10千克,24个月时体重约为出生时的4倍,即12—13千克。13个月时幼儿的身长约为出生时的1.5倍,即75厘米左右,第二年增长的速度会有所减慢,平均增长10厘米,2岁时身长87—89厘米左右。13个月幼儿的平均头围为45—47厘米,2岁时约为47—49厘米。13个月时胸围约等于头围,约为45—47厘米,之后胸围超过头围,发育迅速。

动作发展:大多数孩子开始独立行走,能更精确地使用手指,如用勺子吃饭。

语言能力:词汇量迅速增加,能够说简单的词句。

自我照料:开始学习穿脱简单的衣物。

认知发展:记忆力增强,能够记住日常活动的顺序。使用象征性游戏,如假装喂娃娃吃饭,解决简单问题的能力提高。

情感发展:能够表达更复杂的情感,如害羞、骄傲、嫉妒,情绪的自我调节能力进一步发展。

社会性发展:能够与同伴进行简单的互动,如一起玩游戏和玩具,学习轮流和分享的基本规则,开始理解简单的社会规范。

5. 25—36个月

体格发育:增长速度进一步减缓,但仍保持稳定的增长。体重按照1周岁之后平均每年增加2kg的速度增长(标准体重测量公式:1岁以上幼儿体重(千克)=年龄×2+8)[①]。身高在2周岁后到青春期前,每年增长约7厘米。男童头围约为48.4—49.6厘米,女童约为47.3—48.5厘米。

---

① 蒋一方. 0—3岁婴幼儿营养与喂养[M]. 上海:复旦大学出版社,2011:56.

此阶段的幼儿基本长齐了 20 颗的乳牙。

动作发展:手指更加灵活,能够画简单的形状。

语言与沟通:能够说出完整的句子,表达自己的需求和想法。

认知发展:开始理解因果关系,解决问题能力提高。

社交技能:能够与其他孩子玩耍,但仍然倾向于平行游戏。

认知发展:语言能力显著提升,能描述事物,理解因果关系。

情感发展:社交互动中更自信,展现同情心和助人行为,能遵循简单规则和指示。

社会性发展:在社交互动中表现得更加自信。开始展示出同情心和帮助他人的行为,能够遵循简单的规则和指示。

二、0—3 岁婴幼儿的照护要点

0—3 岁婴幼儿的照护是一个需要细致关注和专业知识的过程。在照护的过程中,不仅要做到安全第一,营养均衡、定期健康检查、保证充足的睡眠等,对于不同月龄的婴幼儿还要进行重点照护,详见表 4-2。

表 4-2　婴幼儿的照护要点①

月龄	身体发育照护要点	动作发展照护要点	认知发展照护要点	语言发展照护要点	情感与社会性发展照护要点
0—1	倡导母乳喂养,并按需哺乳;及时进行清洁和护理;创造良好的睡眠环境,培养健康的睡眠习惯	通过反射练习提升动作技能;合理安排身体活动	丰富视觉体验,利用多样化素材增强听觉感知,激发触觉成长	营造丰富的语言氛围,多和婴幼儿交流,眼神互动,言行并重	识别信号并主动响应,满足互动需求,识别并回应初次的微笑

① 洪秀敏,宋秋菊,戎计双. 0—3 岁婴幼儿发展与照护[M]. 北京:中国人民大学出版社,2021:17-123.

续表

月龄	身体发育照护要点	动作发展照护要点	认知发展照护要点	语言发展照护要点	情感与社会性发展照护要点
1—3	持续母乳喂养；适时增添营养；建立规律生活作息。进行空气、阳光和温水浴锻炼	促进头颈部躯干的动作。锻炼四肢，发展手部精细动作	提供丰富的视觉刺激，发展听觉能力，促进触觉发展	创设良好的语言环境并逗引发声，增强语言感知能力	建立良好的成长环境，体验愉快情绪并尝试模仿；培养良好的亲子关系
3—6	坚持母乳喂养；按需添加辅食；保持规律作息；妥善护理出牙期	锻炼大肌肉动作的发展，发展推碰、触摸和抓取动作	提供多样刺激，促进多感官发展；增强对环境的反应能力	引导发音并积极回应，重复清晰的简单发音	创造适宜环境；培养积极情绪；扩展交往范围
6—9	继续母乳喂养，合理添加辅食；制定科学的生活制度；创设安全卫生的环境；引导自我服务	遵循成长规律促发展；锻炼双手配合和“五指分工”	拓展探索空间，了解行为尺度；理解物体永久性；满足好奇心，发展自我认知	引导婴幼儿尝试简单发音；言行并举促理解；创设环境，增强语言感知	培养安全性依恋；建立同伴社会交往；学习识别他人情绪
9—12	科学搭配膳食，合理喂养；培养良好生活习惯；创设安全卫生的环境	增强全身运动，提高身体素质；发展从扶物站到独立走的能力；发展精细动作	鼓励观察周围环境，并尝试模仿；指认五官；拓展思维	提高语言理解能力；语言互动，鼓励说单字句；发展早期阅读能力	感知不同情绪，引发模仿行为；提供交往机会，培养社会交往能力
12—18	饮食搭配，学习独立进餐；保证睡眠充足	引导独立行走和双手协调动作	鼓励手口触觉探索；辨别环境；观察模仿	科学对待沉默期；多交流，鼓励表达	关注情绪；促进自我意识萌芽；扩大生活范围

续表

月龄	身体发育照护要点	动作发展照护要点	认知发展照护要点	语言发展照护要点	情感与社会性发展照护要点
18—24	学会独立进餐；培养良好睡眠习惯；训练大小便	鼓励多种身体活动；发展手眼协调能力	引导感知、记忆、配对能力；促进思维的发生和发展；鼓励玩沙玩水	学说双语句、电报句，鼓励模仿和表达；早期阅读；个别指导	采取回应式照护方式；拓展交往范围，学习打招呼和共同玩耍
24—30	提升进餐技巧；掌握正确睡姿，养成良好睡眠习惯；学习自己洗手和刷牙	尝试跳跃，玩简单运动器械，发展大动作；通过生活和游戏发展精细动作	满足好奇心；鼓励大胆提问、联想和猜测；开展象征性游戏，促进想象发展	听故事学儿歌，发展语言表达能力；与婴幼儿积极互动	科学应对反抗期；培养是非观念，增强规则意识；拓展交往范围，适应集体生活
30—36	愉快进餐，主动喝水；自己入睡；学习穿衣穿鞋	开展全身运动和体能游戏；促进精细动作发展	促进认知发展；发展数概念；发展专注力；学习表达自我感受	学习用规范语言和大人交流；经常开展阅读和音乐活动	关注恐惧情绪；指导情绪调节；感受交往愉悦；了解社会生活环境

第二节　0—3 岁婴幼儿照护的健康与安全

一、疾病预防与应对

（一）常见疾病及预防措施

0—3 岁婴幼儿容易患多种疾病，这通常与他们的免疫系统尚未完全成熟有关。以下是一些常见的婴幼儿疾病及其简要说明。

新生儿口疮：一种由霉菌引起的口腔感染，表现为口腔内白色斑点。治疗通常包括保持口腔卫生和使用抗真菌药物。

新生儿黄疸：是新生儿常见的现象，通常由胆红素代谢不完全引起，症状表现为皮肤和眼白变黄。确保充足的喂养，必要时进行光疗。

乳痂：婴儿的一种非感染性的、常见的皮肤问题，也称为摇篮帽。它表现为黄色或白色的油腻鳞屑斑块，主要出现在头皮上，但有时也可能出现在眼眉、耳后、颈部、腋下或者尿布区域。可以在洗澡前用植物油（如橄榄油）轻轻按摩宝宝的头皮，帮助软化乳痂，并用温水和温和的婴儿洗发水轻轻清洗宝宝的头皮，清洗完后涂抹婴儿油，以保持皮肤干爽的方法进行日常护理。

湿疹：婴幼儿常见的皮肤病，可以分为多种类型，其中最常见的类型是特应性皮炎，会有长期反复发作的情况。其他类型的湿疹还包括接触性皮炎、手部湿疹、脂溢性皮炎等。症状表现为皮肤红斑、瘙痒。可以通过保持皮肤湿润、避免已知的触发因素、使用温和的皮肤护理产品、穿透气性好的衣物、使用保湿霜或药膏等方法进行护理和防治。

急性呼吸道病症：如普通感冒、咽喉炎、扁桃体炎、喉头炎、气管炎、支气管炎以及肺炎等多种疾病。是由病毒或细菌引起，症状表现为发热、咳嗽、流鼻涕、喉咙痛等。预防和应对措施为，寻求专业医护人士的指导，及时就医，并保持良好的个人卫生习惯，定期接种疫苗，避免接触生病人群。

水痘：由水痘——带状疱疹病毒引起的急性传染病。症状表现为发热、全身性皮疹、疱疹、结痂等。预防措施包括接种水痘活疫苗，避免接触病人。

发热：婴幼儿的免疫系统发育尚不完全，易受感染。症状表现为体温升高，可能伴有咳嗽、流鼻涕、喉咙痛等症状。应保持良好的卫生习惯，及时接种疫苗。

营养性疾病：由于喂养不当导致的疾病，如缺铁性贫血、佝偻病等。症状表现为面色苍白、骨骼变形等。应注意合理喂养，补充必要的营养素，如铁、钙和维生素D。

病毒性肺炎：由病毒感染引起的肺部炎症。症状表现为发热、咳嗽、呼吸困难等。应保持室内空气流通，避免接触病毒源，必要时住院治疗。

小儿假性霍乱：开始时表现为轻微感冒症状，随后可能发展为严重腹泻和呕吐。治疗包括保持良好的卫生习惯和及时就医。

抽搐：婴幼儿发热时可能出现的一种症状，多为发热导致大脑异常放电，需要控制发热，必要时就医。

过敏性反应：对某些食物、药物或其他物质的过敏反应。症状表现为皮疹、哮喘、消化不良等。应避免接触过敏原，使用抗过敏药物。

肠胃炎：由病毒或细菌引起的肠胃感染。症状表现为腹泻、腹痛、呕吐等。应保持手部卫生，避免食用未煮熟的食物。

手足口病：由肠道病毒引起，最常见的是柯萨奇病毒 A 组和肠道病毒 71 型（EV71）引起的传染性疾病。表现为发烧、口腔溃疡、手脚皮疹等。应该保持良好的个人卫生习惯，避免接触病人。手足口病通常是自限性的，即不经特殊治疗也能自行痊愈。手足口病：治疗以对症处理和辅助治疗为主，涉及退热、减轻痛楚、确保摄入足够的水分，同时强调保证充足的休息。

呼吸暂停：婴幼儿在睡眠过程中可能出现的短暂呼吸停止现象。症状表现为呼吸暂停，可能伴有肤色改变。应确保正确的睡姿，必要时使用呼吸辅助设备。

牙龈炎：婴幼儿在牙齿萌出期间可能会出现牙龈红肿、出血。症状表现为牙龈红肿、疼痛。应保持口腔卫生，必要时咨询牙科医生。

消化不良：是由于喂养不当或消化系统发育不成熟引起的消化问题。症状表现为呕吐、腹泻、腹胀等。应做到合理喂养，必要时就医。

中耳炎：婴幼儿一种常见的耳朵感染。症状表现为耳痛、发烧、听力下降等。应该保持鼻腔通畅，必要时使用抗生素治疗。

脐炎：新生儿脐带脱落后可能发生的感染。症状表现为脐部红肿、分泌物。应保持脐部清洁干燥，必要时使用抗生素。

这些疾病在婴幼儿中较为常见，但大多数可以通过适当的预防和治疗得到有效控制。如有疑虑，应及时咨询医生。

（二）疫苗接种的时间表与重要性

0—3 岁婴幼儿的疫苗接种至关重要，它可以帮助婴幼儿建立必要的免疫力,抵御多种疾病。

中国的疫苗接种计划分为两类:一类是由政府免费提供的疫苗,另一类是公民自费并自愿选择接种的疫苗。政府免费提供的疫苗是必须按照规定接种的,旨在预防常见的、高发的传染病,从而保护公共健康。根据国家免疫规划疫苗儿童免疫程序(2021 年版),0—3 岁婴幼儿需要接种的疫苗如表 4-3 所示。

表 4-3　疫苗接种时间

年龄	需接种疫苗	预防疾病
出生 24 小时内	卡介苗(第 1 剂)	结核病
	乙肝疫苗(第 1 剂)	乙型病毒性肝炎
1 月龄	乙肝疫苗(第 2 剂)	乙型病毒性肝炎
2 月龄	脊髓灰质炎疫苗(第 1 剂)	脊髓灰质炎
3 月龄	脊髓灰质炎疫苗(第 2 剂)	脊髓灰质炎
	百白破三联疫苗(第 1 剂)	百日咳、白喉、破伤风
4 月龄	脊髓灰质炎疫苗(第 3 剂)	脊髓灰质炎
	百白破三联疫苗(第 2 剂)	百日咳、白喉、破伤风
5 月龄	百白破三联疫苗(第 3 剂)	百日咳、白喉、破伤风
6 月龄	乙肝疫苗(第 3 剂)	乙型病毒性肝炎
	A 群流脑多糖疫苗(第 1 剂)	流行性脑脊髓膜炎
8 月龄	麻腮风疫苗(第 1 剂)	麻疹、腮腺炎、风疹
9 月龄	A 群流脑多糖疫苗(第 2 剂)	流行性脑脊髓膜炎
1 岁	乙脑减毒疫苗(第 1 剂)	流行性乙型脑炎
	百白破三联疫苗(第 4 剂)	百日咳、白喉、破伤风
1.5 岁	麻腮风疫苗(第 2 剂)	麻疹、腮腺炎、风疹
	甲肝疫苗(第 1 剂)	甲型病毒性肝炎
2 岁	乙脑减毒疫苗(第 2 剂)	流行性乙型脑炎
	甲肝疫苗(第 2 剂)	甲型病毒性肝炎
3 岁	A+C 群流脑疫苗(第 1 剂)	流行性脑脊髓膜炎

自费疫苗(第二类疫苗),可根据实际情况和经济条件选择接种,包括但不限于流感疫苗、水痘活疫苗、肺炎链球菌疫苗、轮状病毒疫苗、五联疫苗(包含百白破、脊髓灰质炎和 b 型流感嗜血杆菌结合疫苗)、HPV 疫苗(一般从 11 岁开始接种)。

疫苗接种对于婴幼儿来说极其重要,它有助于预防诸如麻疹、百日咳和脊髓灰质炎等疾病。即使接种后仍感染了某种疾病,疾病的严重程度通常也会减轻。当大多数人群接种疫苗时,可以形成群体免疫,从而保护那些不能接种疫苗的人。许多疫苗能够提供长期保护,减少未来感染的风险。相较于疾病治疗的费用,疫苗接种成本更低。健康的婴幼儿能够更好地享受童年时光,家长们也不必担心疾病带来的麻烦。根据政府的规定,婴幼儿应当按时接种所有推荐的一类疫苗,以确保最大程度地预防相关疾病。家长可以根据婴幼儿的具体健康状况、所居住地区的疾病流行情况以及医生的专业建议,考虑是否接种第二类疫苗。尽管这些疫苗需要自费,但它们提供了额外的保护,特别是在某些疾病高发的地区尤为重要。

接种疫苗后可能会有一些不良反应需要注意。婴幼儿接种后可能会出现注射部位红肿、低烧等轻微副作用,这些通常是暂时性的,不必过分担忧。若出现严重的反应,则应及时联系医生。对于有特殊健康状况的婴幼儿,如有免疫缺陷或严重过敏史,应在接种前咨询医生。尽可能按时接种疫苗,以确保最佳保护效果。如果错过了接种时间,应尽快安排补种。

(三)疾病早期识别与家庭护理

婴幼儿可能遇到多种健康问题,因此疾病的早期识别与家庭护理至关重要,这有助于及时发现并采取措施控制病情,促进患儿康复。

1. 疾病早期识别

观察行为变化:注意孩子是否有不同于平日的表现,例如过度嗜睡、烦躁不安或食欲下降。

注意身体症状：发热、咳嗽、呕吐、腹泻和皮疹等都是常见的病症迹象。

了解常见疾病：熟悉婴幼儿常见的健康问题及其初期表现，例如感冒、肺炎、腹泻和湿疹等。

定期健康检查：定期带孩子去医院进行体检，以便尽早发现并处理潜在的健康隐患。

环境因素：留意家庭环境中可能存在的风险因素，如过度拥挤和通风不良，这些都可能增加疾病发生的风险。

2. 家庭护理中的基本护理

保持清洁：确保家庭环境整洁卫生，定期对儿童玩具及个人用品进行清洁消毒，营造健康的居家氛围。

营养膳食：提供多样化且均衡的饮食方案，确保孩子摄取到所有必要的营养素，以促进健康成长。

充足休息：合理安排作息时间，确保孩子拥有足够的睡眠与休息时间，这对于身体的恢复与成长至关重要。

及时就医：一旦发现孩子出现任何异常症状，应立即采取行动，寻求专业医疗建议，避免病情延误。

情感慰藉：在孩子身体不适时，给予充分的情感支持与鼓励，帮助他们建立积极的心态，减轻疾病带来的心理压力。

3. 具体疾病的家庭护理

呼吸道健康维护：保持室内空气流通，避免孩子接触二手烟，营造清新的室内空气环境。调节室内湿度至适宜水平，利用加湿器缓解咳嗽与鼻塞，但需定期清理以预防霉菌滋生。保持婴幼儿充分饮水，必要时可采用蒸汽吸入法或盐水滴鼻法减轻症状。

消化系统护理：腹泻时，选择易于消化的食物如米粥、香蕉，并鼓励孩子多喝水以预防脱水。便秘情况下，增加膳食中的纤维含量，如多食用水果和蔬菜，并保持充足的水分摄入。呕吐后，采用少量多餐的方式喂食，避免油腻及难消化食物，以减轻胃部负担。

皮肤护理策略：选用温和无刺激的护肤产品，以减轻皮肤负担，预防过敏反应。保持皮肤的干燥与清洁状态，预防细菌滋生。细心甄别并避免使用任何已知或潜在致敏成分的产品。遇到轻度皮肤不适如皮疹时，采用温水沐浴后轻柔拍手的方式，温和护理。

神经系统健康监测：密切关注婴幼儿的日常行为模式与反应速度，任何偏离常态的表现都应视为警示信号。一旦发现与神经系统相关的异常迹象，应立即咨询专业医疗人员，确保及时干预。

4. 特殊婴幼儿照护

高危儿护理：对于早产儿、低出生体重儿或存在其他健康隐患的婴幼儿群体，应严格遵循儿科医生的建议，实施个性化的护理计划。

避免过度使用电子产品：2 岁以内的婴幼儿不建议使用电子屏幕，2 岁以上每天观看时间不超过 1 小时，以保护其视力及神经系统健康发展。

对于 0—3 岁的婴幼儿来说，家长及照护人员需保持高度警觉，细致观察孩子的身心状态，及时捕捉任何异常信号。面对轻微的健康问题，可采取恰当的家庭护理措施进行初步处理；但若症状严重或持续恶化，务必毫不迟疑地寻求专业医疗援助。通过持续的关爱与专业指导的结合，共同守护婴幼儿的健康成长，促进他们全面发展。

二、意外伤害与急救

（一）居家安全与防范措施

在 0—3 岁婴幼儿的成长阶段，由于其旺盛的好奇心和相对有限的行动能力，家庭安全成为至关重要的议题。为确保这些小生命免受意外伤害，家长们需精心策划并执行一系列预防措施，以营造一个全方位的安全环境。

室内活动区域，安全防护需细致入微，比如：①厨房与餐厅，尖锐餐具应妥善安置于高处或加锁保管，锅具手柄朝内摆放以防抓取。处理热食时，利用防烫垫或隔热工具，同时避免桌面摆放易碎品。②浴室环境，洗澡水温度控制在 37℃—38℃，遵循先冷后热的加水顺序。铺设防滑材料，保持浴室门畅通无阻，浴缸旁避免电线或电源接近水源。③卧室布置，安装婴儿床护栏，减少床上杂物以避免窒息风险，窗户配置防护网防止攀爬。④客厅与走廊，应移除或固定家具边缘，避免尖角伤人。使用插座保护盖防止婴幼儿触电。将易碎物品放在高处。保持地面整洁，避免因堆放杂物导致跌倒。⑤阳台与窗户，安装防护设施，如防护网或护栏，限制窗户开启幅度，教育幼儿远离窗边游戏。⑥化学品与药品管理，将有害物品存放于儿童触及不到的高处或上锁橱柜内，同时加强安全教育。⑦电源与电线防护，遮盖裸露插座，整理并固定电线，利用电线管理工具减少拉扯风险。

实施上述措施，能显著减少婴幼儿在家中的意外伤害风险。家长及照护者需保持高度警觉，不断审视并优化居家安全环境。此外，掌握基础急救知识同样重要，以便在紧急情况下迅速而有效地采取行动。面对任何不确定状况，及时寻求专业医疗建议是关键。

（二）外出时的安全注意事项

确保 0—3 岁婴幼儿外出安全，需细致规划并遵循一系列重要注意事项，以弥补其自我保护能力的不足。以下是针对 0—3 岁婴幼儿外出时的一些安全注意事项：①周密规划与准备，首先，明确出行目的与路线，预估所需时间，并打包好换洗衣物、尿布、食物、饮品及奶瓶等必需品。其次，确认目的地附近设有便利的尿布更换与喂食区域。②选用合适携带工具，无论是背带还是婴儿车，都应确保婴幼儿被安全、舒适地固定。背带需正确穿戴，婴儿车则需稳固组装并启用刹车功能，在任何时候都不应让婴幼儿独处车内，尤其是在不稳定的环境中。③检查装备安全性，确保婴儿车已完全展开并锁定，利用五点式安全带将婴幼儿牢固固定。同时，对背带或婴儿车的任何潜在安全隐患进行排查。④环境安全意识，避免将婴幼儿带入拥挤或嘈杂的场所，户外活动时应根据天气调整衣物，做好防晒或保暖措施。特别警惕尖锐物品、药品、化学品及水源等潜在危险源，确保婴幼儿远离。⑤食品安全与监护，在公共场所喂食时，选择清洁卫生的环境，避免给予易致窒息的食物。始终保持与婴幼儿的近距离视线接触，避免分心，如使用手机，确保随时能够响应其需求或应对突发情况。⑥示范与教育，通过自身行为示范，向婴幼儿展示如何识别并避开危险，尽管他们尚不能直接理解，但这有助于建立安全意识的基础。⑦应对紧急情况，随身携带婴幼儿的医疗信息卡及紧急联系方式，并熟悉附近医疗机构的位置。了解基本的急救知识，以备不时之需。⑧交通安全设施，在车内使用符合标准的婴儿安全座椅，并确保其正确安装。过马路时，紧握婴幼儿的手，利用人行横道通过，确保安全通过。⑨特定环境下的注意事项，如前往公园或游乐场，事先检查游乐设施的安全性，确保活动区域地面平整无隐患。⑩天气适应性着装，根据户外天气变化，灵活调整婴幼儿的穿着，避免过热或过冷，特别是避免给 1 岁以下婴儿佩戴口罩，以防呼吸不畅。

通过以上这些注意事项，可以确保婴幼儿在外出时的安全。家长及照护者需时刻保持警觉，细心观察并适应环境变化，为婴幼儿提供一个安全无忧的探索环境。

（三）基本的急救知识与技能

对于 0—3 岁婴幼儿的基本急救知识与技能，以下是一些重要的要点。

1. 气道异物梗阻（海姆立克急救法婴幼儿版）

首先观察 10—15 秒，看看婴幼儿是否能够自行咳嗽或呼吸。将婴幼儿面朝下，支撑其头部低于躯干，用手掌根部连续轻拍两肩胛骨中间部位 5 次。如果异物没有排出，将婴幼儿翻转至正面，用两指（通常是食指和中指）在胸骨下半部（两乳头连线中点下方）进行 5 次快速按压，深度约为胸廓厚度的三分之一。交替进行拍背和胸部按压，直到异物排出或婴幼儿开始哭泣、咳嗽。如果情况没有改善，应立即拨打急救电话，并寻求旁人的帮助。

2. 婴幼儿心肺复苏

首先,轻轻拍打婴幼儿的脚底,大声呼唤,看是否有反应。如果婴儿没有反应,立即呼救并拨打急救电话。同时,将婴幼儿平躺,头部稍微后仰,使气道通畅。进行人工呼吸,用嘴覆盖婴幼儿的鼻子和嘴巴,吹两次气,每次持续约1秒。然后用两指(通常是食指和中指)按压胸骨下半部,深度约为胸廓厚度的三分之一,频率为每分钟100—120次。每30次按压后给予2次人工呼吸,持续进行直至急救人员到达或婴幼儿恢复自主呼吸。

3. 烫伤处理

如果遇到烫伤,应立即将烫伤部位放在流动的凉水下冲洗至少10分钟,并使用干净的、非黏性的纱布或毛巾覆盖伤口。不要使用冰块直接敷在烫伤处,也不要涂抹油脂或其他物质。检查烫伤的程度,如果严重则立即就医。

4. 跌落伤应对

应保持冷静,检查婴幼儿是否清醒、是否有呼吸。其次查看是否有明显的外伤、出血、骨折等。除非必要,否则尽量不要移动婴幼儿,特别是怀疑有脊椎损伤时。如果情况严重,立即拨打急救电话并等待救援。

5. 鼻出血控制

先安抚婴幼儿,使其保持安静,避免哭闹。让婴幼儿坐着,身体稍微前倾,头略微低下。然后轻轻捏住鼻翼,持续5—10分钟,也可以用冷敷物轻轻放在婴幼儿的额头或鼻梁上。

6. 中毒急救

先确定婴幼儿摄入了什么物质。不要试图让婴儿呕吐。及时拨打120,提供摄入物质的信息,按照指示行事,并根据指导前往医院就诊。

7. 溺水急救

应该立即施救,将婴幼儿从水中救出。清除婴儿口鼻中的水草或污物。如果婴幼儿没有呼吸或没有反应,立即开始心肺复苏术,并立即拨打急救电话寻求帮助。

8. 窒息急救

判断婴幼儿是完全窒息还是部分窒息。如果部分窒息，鼓励婴幼儿尝试咳嗽。如果完全窒息，立即进行心肺复苏，并立即拨打急救电话寻求帮助。

9. 休克处理

立即让婴幼儿平躺，并抬高双腿，保持温暖。禁食禁水，立即呼叫急救服务。

10. 骨折急救

尽量减少移动，特别是疑似骨折部位。初步固定伤处，等待专业救援。

掌握以上这些急救技能是应对紧急情况的关键，但仍要将预防置于首要位置。如果遇到紧急状况，需立即寻求专业的医疗服务。

第三节　0—3岁婴幼儿照护的早期教育与发展

一、感官与认知发展

（一）感官刺激的方法与技巧

在0—3岁这个关键的发展阶段，婴幼儿的感官刺激对于其大脑发育和认知能力的增长极为重要。为了促进婴幼儿感觉器官的发展，可以采取一系列经过精心设计的感官刺激方法与技巧。以下是一些适合0—3岁婴幼儿的感官刺激方法与技巧：①视觉刺激，婴儿的视觉系统在早期阶段对高对比度的图案特别敏感。使用黑白对比色图案或玩具可以有效吸引他们的注意力。此外，挂上会动的小玩具，如风铃或旋转吊饰，可以鼓励婴儿追踪物体的移动，从而锻炼他们的视觉追踪能力。家长可以通过丰富的面部表情与婴儿互动，鼓励他们模仿，这不仅有助于视觉发展，还能增强自我意识。阅读色彩鲜艳、图案简单的绘本给宝宝听，也是增加视觉体验的有效方式。②听觉刺激,婴儿的听觉系统在出生时已经相对成熟,播放柔和的音乐、儿歌或自然声音,如鸟鸣声,可以促进他们的听觉发展。家长应经常与宝宝交谈、唱歌或念故事,这不仅有助于语言理解,还能增进亲子间的交流。使用不同材质的玩具,如摇铃、鼓等,可以制造不同的声音,进一步丰富宝宝的听觉体验。此外,让宝宝听秒针跳动的声音,有助于培养他们的注意力集中。③触觉刺激,触觉是婴儿最早发展的感觉之一。经常拥抱、抚摸宝宝,可以提供安全感,同时促进触觉发展。让宝宝触摸不同材质的物品,如丝绸、羊毛、塑料等,可以增加他们的触觉经验。轻柔的按摩不仅有助于放松肌肉,促进血液循环,还能增强触觉感知。在给宝宝泡澡时加入泡泡水,让他们触摸感受,也是一种有效的触觉刺激方式。④嗅觉刺激,嗅觉是与记忆和情感紧密相关的感官。让宝宝闻新鲜的花朵、草本植物等自然香气,可以激发他们的嗅觉体验。在烹饪时,让宝宝闻不同的食材香味,不仅能增加食欲,还能丰富他们的嗅觉记忆。⑤味觉刺激,味觉的发展对于婴儿来说同样重要。逐渐添加不同口味的食物,如甜、酸、苦、咸,可以促进味觉的多样性。提供安全的、易于抓握的食物,鼓励宝宝自己探索,有助于味觉和手眼协调能力的发展。⑥动态与重力感,通过轻轻地摇晃婴儿,在提供安全感的同时让他们体验重力变化。支撑宝宝的腋下,让他们在软垫上轻轻跳跃,有助于动态感知的发展。随着宝宝长大,可以引入一些简单的平衡游戏,如站立在一条直线上,以进一步锻炼他们的动态与重力感。

家长和主要照护者可以和婴幼儿开展多感官综合游戏,促进婴幼儿多感官的发展。例如,家长可以准备一个装满不同材料的小盒子,如豆子、纸片、海绵等,让宝宝探索。也可以通过积木游戏,让宝宝堆砌和敲打不同形状和大小的积木。以及沙水游戏,在家长监督下,让宝宝在沙盘或水盆中玩耍,体验不同的触感。但是在游戏活动实施时,应该注意:确保刺激不过度,避免引起宝宝不适。使用无毒、无小部件的玩具,确保活动的安全性。根据宝宝的兴趣和发育阶段调整活动。家长应该积极参与,通过言语和肢体语言与宝宝交流。注意观察宝宝的反应,适时调整活动。

通过这些方法，可以有效地促进婴幼儿的感觉发展，同时增进亲子关系。然而，每个孩子都是独一无二的，因此在实施感官刺激活动时要灵活调整，以适应孩子的独特需求和发展水平。在实施这些感官刺激活动时，家长和主要照护者应注意：确保刺激适度，避免过度刺激引起宝宝的不适；使用无毒、无小部件的玩具，确保活动的安全性；根据宝宝的兴趣和发育阶段调整活动；积极参与，通过言语和肢体语言与宝宝交流；观察宝宝的反应，适时调整活动。然而，每个孩子都是独特的，因此在实施感官刺激活动时，应根据孩子的个性和需求灵活调整。

（二）认知能力的培养

0—3 岁的婴幼儿认知能力发展迅速，这一阶段是他们通过与环境的互动来学习和探索世界的关键时期。为了促进婴幼儿的认知能力发展，可以采取以下一系列方法与技巧：①早期语言发展，语言是认知发展的重要组成部分。与宝宝进行频繁的语言交流，在日常生活的各个环节，如喂食、换尿布或洗澡时，都应描述正在进行的活动。此外，经常给宝宝读书，即使是最简单的图画书，也有助于建立词汇量。重复常用词汇和短语，以帮助宝宝记忆并开始模仿。②感官体验，感官体验对于婴幼儿的认知发展至关重要。提供不同材质的玩具，让宝宝通过触摸感知不同的质地。使用色彩鲜艳的玩具和书籍，吸引宝宝的注意力，并帮助他们识别颜色。播放轻松的音乐、唱儿歌或念童谣，以激发听觉兴趣。③社交技能，社交技能的培养对于婴幼儿的全面发展同样重要。通过夸张的面部表情与宝宝互动，帮助他们学习情绪表达。模仿宝宝的动作和声音，鼓励他们模仿你的行为，有助于社交技能的发展。通过简单的轮流游戏，如传球，教授轮流的概念，培养耐心。④探索与发现，提供一个安全的探索区域，让宝宝能够自由地爬行和探索周围的环境，有助于他们的探索精神和认知发展。⑤日常生活任务，让宝宝参与简单的家务活动，如叠衣服或整理玩具，这不仅让他们感受到参与感，也有助于培养责任感和组织能力。⑥认知游戏，使用卡片或玩具开展配对游戏，教宝宝识别相同的物品，提高记忆力。让宝宝根据颜色、形状或大小将物品分组进行分类游戏，帮助他们理解分类的概念。使用形状拼图，让宝宝学会将形状与相应的洞口匹配。⑦数学概念：通过数玩具、水果等实物开展计数游戏，教会宝宝基本的计数概念。展示大小不同的物体，引导宝宝理解大小差异。使用简单的拼图或堆叠玩具，帮助宝宝解决问题和完成任务。⑧音乐与艺术：音乐和艺术活动对于促进节奏感和创造力具有重要作用。通过唱歌、跳舞和演奏简单的乐器，如摇铃等，可以激发婴幼儿的艺术潜能。⑨手工艺活动：提供安全的材料让宝宝涂鸦或粘贴，激发他们的创造力和想象力。

在开展婴幼儿认知发展活动时，安全性是首要考虑的因素。应选择无小零件和无锋利边缘的玩具和材料，以避免意外伤害。同时，活动设计需符合婴幼儿的年龄特点，既具挑战性又不至于令他们感到困惑或挫败。在活动中，应积极鼓励婴幼儿的探索行为，即使他们未能立即成功，也应避免责备，而是提供正面的反馈和支持。此外，根据每名婴幼儿的个人兴趣和能力水平，个性化调整活动内容，以保持他们的参与热情和学习动力。

这些精心设计的认知活动旨在促进婴幼儿在语言、记忆、逻辑思维和社交互动等方面的基本技能。为了确保婴幼儿能在一个积极和支持性的环境中成长，家长和教育者需要展现出耐心和持续的关注。通过这样的方法，婴幼儿不仅能够在游戏中学习，还能在家庭和教育环境中感受到爱与鼓励。

二、身体运动与协调

（一）粗大运动与精细动作的发展

0—3 岁是婴幼儿粗大运动和精细动作技能发展的关键时期。在这个阶段，婴幼儿通过不断的探索和实践，逐渐掌握控制身体的能力。表 4-4展示了 0—3 岁婴幼儿的粗大运动发展规律。

表 4-4　婴幼儿粗大运动发展规律

关键时间点	发展里程碑
3 个月左右	能够抬头，开始尝试翻身
6 个月左右	能够坐稳，开始尝试爬行
9 个月左右	能够扶着东西站立，尝试爬行或匍匐前进
12 个月左右	能够独立站立，尝试走路
18 个月左右	能够稳定行走，尝试跑动
24 个月左右	能够上下楼梯，尝试踢球或扔球
36 个月左右	能够跳跃、单脚站立，尝试骑三轮车

为了更好的促进 0—3 岁婴幼儿粗大运动的发展，家长需要为婴幼儿提供宽敞、无障碍的空间，让孩子们能够自由地爬行、尝试站立和行走。可以利用学步推车等工具辅助他们学习这些技能。同时，鼓励孩子们探索周围环境，比如通过爬行穿越隧道或绕过障碍物。安排定期的户外活动，比如去公园或操场，以增加他们的运动机会。此外，与孩子们一起进行简单的运动，比如跳跃和蹲起，以激励他们模仿这些动作。

婴幼儿精细动作的发展是指他们手部、手指、手腕和眼睛协调能力的发展，这对于他们的认知、社交和日常生活技能的培养至关重要。表 4-5 展示了 0—3 岁婴幼儿的精细动作发展的规律。

表 4-5　婴幼儿的精细动作发展规律

关键时间点	发展里程碑
3 个月左右	开始尝试抓握物品
6 个月左右	能够用拇指和其他手指抓取小物品
9 个月左右	能够精确地用拇指和食指捏取小物品（如豌豆）
12 个月左右	能够用手指指向物品，尝试画线或涂鸦
18 个月左右	能够堆叠积木，尝试使用勺子吃饭
24 个月左右	能够翻页、打开瓶盖、用笔画画
36 个月左右	能够用剪刀剪纸，尝试穿珠子

为了有效促进 0—3 岁婴幼儿精细动作技能的发展,家长可以提供具有不同形状、尺寸和材料质地的玩具,激发婴幼儿的触觉敏感度,提升手眼协调能力。设计一些可以加强手部力量和灵活性的游戏,比如手指操、抓东西等。通过演示特定的动作(如鼓掌、挥手、拾取细小物件),引导孩子模仿,从而练习这些动作。或者提供适龄的工具,比如专门为儿童设计的安全剪刀、画笔等,让孩子有机会学习如何正确使用。随着年龄的逐步增长提高游戏任务的难度,例如处理更细小的对象或者解决更为复杂的拼图,以及参与简单的日常活动,如穿衣服、进食、收拾玩具等,这些方法措施都可以有效地支持和促进婴幼儿精细动作技能的成长和发展。

(二)体能锻炼的重要性

0—3 岁婴幼儿期是儿童生理、认知和社会情感发展的关键阶段。在此期间,适当的身体活动对婴幼儿的整体健康发展至关重要。婴幼儿体能锻炼的意义和作用:①促进肌肉与骨骼的成熟,通过诸如爬行、站立以及行走等活动,婴幼儿的主要肌群得以锻炼,这对于骨骼结构和肌肉系统的正常发育至关重要。此外,通过执行抓握和捏拿等精细动作,可以增进手指的灵活性以及手眼协调性。②增强运动协调性,参与包括爬行、跳跃和抓取玩具在内的多种活动,有助于婴幼儿提高身体平衡感和整体协调性。在自由探索环境中,婴幼儿也能更好地理解空间概念,如距离和高度。③推动神经系统发育,身体运动促进了大脑内神经元的连接,这对认知功能的提升至关重要。多样化的活动形式有助于婴幼儿集中注意力,并且加强记忆功能。④提升情感表达与社会交往能力,定期的身体活动有助于婴幼儿学会管理自身的情绪反应。与家人或同龄人在游戏中的互动,提供了学习基本社交规范的机会,如轮流玩耍和分享玩具。⑤预防超重和慢性病,通过体育活动消耗多余能量,有助于保持健康的体重状态。早期形成积极的运动习惯,有助于减少未来发生肥胖症及其他慢性疾病的风险。⑥改善睡眠品质,适量的身体活动能够使婴幼儿感到更加疲倦,从而有利于夜间获得更好的睡眠。规律的身体锻炼有助于形成稳定的作息模式，进而改善睡眠质量。⑦提升认知与学习能力，通过身体活动探索周遭世界，可以激发婴幼儿的好奇心和探索欲。面对运动过程中的障碍时，婴幼儿将学会解决问题的方法，增强其解决问题的能力。⑧培养自信与自主性，完成某项动作或游戏的成功体验能够增强婴幼儿的自信心。鼓励婴幼儿尝试新的活动，有助于培养其独立行动的意愿。

通过上述活动，父母或主要照护者可以帮助婴幼儿建立健康的生活习惯，促进其全面成长。创建一个积极、安全、鼓励探索的学习环境，对于保障婴幼儿快乐健康地成长至关重要。

三、语言与社交技能

（一）语言发展的关键时期

婴幼儿的语言发展是一个逐步渐进的过程，0—3 岁是语言习得的关键期。在此期间，婴幼儿将经历若干里程碑式的发展阶段。表 4-6 概述了该关键期内婴幼儿语言发展的一些表现特征。

表 4-6　婴幼儿语言发展关键期

时期	表现
0—3 月	新生儿通过哭泣来表达需求，这是他们最初的沟通方式 婴儿能对声音作出反应，尤其是父母的声音
3—6 月	婴儿开始发出“咿咿呀呀”的声音，这是他们练习发音的方式 婴儿会开始对人脸微笑，这是社会交往的重要标志
6—9 月	婴儿开始模仿听到的声音，比如重复父母发出的一些简单音节 婴儿能够识别不同语调和语气，并对其作出反应
9—12 月	大多数婴儿会在 1 岁左右说出第一个有意义的单词 婴儿开始用手势来指东西，比如指向想要的东西
12—18 月	婴儿开始快速增加词汇量，通常被称为“词汇爆炸” 婴儿能够理解简单的指令，并开始尝试执行这些指令
18—24 月	婴儿开始使用两个词组成的句子，比如“妈妈走”“喝奶” 婴儿开始学习简单的语法结构，比如使用名词和动词组合成句子

续表

时期	表现
2—3 岁	婴儿能够使用更复杂的句子，并且词汇量显著增加 婴儿开始问问题，显示了他们对语言的理解和使用能力的提升 能够讲述简短的故事或者描述事件

为了促进婴幼儿的语言能力发展，父母和照护者可以采取以下策略：首先，应频繁与婴幼儿进行交流，详细叙述日常活动，以此作为语言输入的基础。其次，定期为婴幼儿朗读故事，这不仅能够丰富他们的词汇，还能增强他们的语言理解能力。而且，对于婴幼儿发出的任何声音或做出的手势，都应给予积极的反馈，以此激励他们继续探索和尝试使用语言。此外，模仿婴幼儿的声音和动作，可以促进他们对新词汇和语言结构的学习。最后，创造一个多样化的语言环境至关重要，这意味着在日常生活中应尽可能多地提供语言刺激的机会。在婴幼儿的语言发展过程中，家长和照护者的角色至关重要，他们通过与孩子的互动来促进语言技能的发展。如果家长对孩子在语言发展方面的进度感到担忧，建议咨询儿科医生或专业的语言治疗师，以获得专业的建议和支持。

（二）社会交往的初步引导

0—3 岁是婴幼儿社会交往能力发展的关键时期。在这个阶段，婴幼儿开始学习如何与他人交流、分享、合作和理解他人的感受。可以通过一些有助于 0—3 岁婴幼儿社会交往能力发展的方法进行初步引导：①亲子互动：通过面对面的眼神交流和温和的语调与婴幼儿沟通，鼓励他们模仿声音和表情，并在他们表达情绪时用言语描述，如“你看起来很高兴”。②日常活动中的互动：在喂食、洗澡或穿衣等日常活动中与婴幼儿进行交流，解释正在进行的活动，并建立固定的例行程序，如睡前故事时间。③社交游戏：通过简单的轮流游戏，如传球，教授轮流的概念，并与婴幼儿一起玩模仿游戏，如模仿动物声音，同时鼓励他们与其他儿童分享玩具。④情感教育：教授婴幼儿识别和表达自己的情感，并使用故事或情景模拟来帮助他们理解他人的感受，培养同情心。⑤社交环境：为婴幼儿创造社交机会，如邀请亲友聚会，带他们去公园或游乐场，参加亲子班或早教课程。⑥语言发展：通过阅读、唱歌和日常对话来丰富婴幼儿的词汇，并让他们参与简单的故事情节。⑦模仿与榜样：作为家长，要在日常生活中展现出良好的社交行为。通过角色扮演游戏，模拟不同的社交场景，如购物、过生日等。鼓励婴幼儿模仿积极的行为，如分享玩具或说"谢谢"。⑧积极反馈：鼓励婴幼儿尝试与他人交流，即便他们还不太会说话。对婴幼儿在社交方面的每一个小进步给予正面的反馈。当婴幼儿试图表达自己时，给予足够的耐心等待他们完成。⑨安全与信任：通过稳定的日常生活和积极的情感联系，为婴幼儿建立安全感，并帮助他们建立对他人的信任。⑩观察与适应：认识到每个婴幼儿都有不同的性格和社交偏好，尊重他们的个体差异。⑪适应变化：随着婴幼儿的成长，适时调整互动方式以适应他们的发展阶段。

通过这些方法，家长可以有效地促进婴幼儿的社交技能发展，为他们未来的社会交往打下坚实的基础。在此过程中，保持耐心和一致性，以及提供持续的支持和鼓励是至关重要的。

第四节　0—3 岁婴幼儿照护中的常见难题

一、喂养与营养

(一)喂奶难题与应对

0—3 岁的婴幼儿阶段是非常重要的成长期，在这个阶段里，适当的喂养对孩子的健康成长至关重要。父母和照护者在这一时期可能会面临多种喂养挑战。根据婴幼儿发展的不同阶段，总结一些常见的问题以及解决建议：①新生儿至 6 个月：前 6 个月新生儿最好采用纯母乳喂养。如果母乳不足或者无法喂养，需要选择合适的配方奶粉。哺乳频率通常每 2—3 小时一次，包括夜间。若婴儿因口腔结构异常或早产等因素导致吸吮困难,可能需要使用特殊设计的奶嘴或寻求专业咨询。②6 个月至 1 岁:在婴儿大约 6 个月大时,可以逐渐添加辅食,并密切观察婴儿对不同食物的过敏反应。在从母乳或配方奶过渡到固体食物的过程中,婴儿可能会表现出抗拒,这需要家长耐心并逐步引导。确保辅食营养均衡,涵盖蛋白质、碳水化合物、脂肪、维生素和矿物质。③1 岁至 3 岁:随着年龄的增长,可能会表现出挑食的行为,家长需要耐心引导,提供多样化的食物。确保孩子喝足够的水,尤其是在炎热天气或活动量大的时候。避免过度喂养,以免造成肥胖或其他健康问题。如果情况比较严重,应及时向儿科医生、营养师或专业的婴幼儿护理人员寻求帮助。

(二)营养不良的迹象与处理

0—3 岁婴幼儿营养不良是一个严重的健康问题,需要及时诊断与干预。营养不良的迹象包括但不限于:体重增长缓慢或减轻,体重低于标准范围,或生长曲线偏离正常轨道;线性生长(身高)速率下降或停滞不前,身高低于同龄儿童平均水平;皮肤呈现干燥、苍白且缺乏弹性;毛发变得稀疏、脆弱及褪色;反复出现呼吸道感染、发热或其他感染症状;伤口愈合速度减慢;表现出过度烦躁、焦虑或情绪低落;注意力分散及认知发展滞后;运动技能发展延迟,未能如期实现翻身、坐立、爬行或行走等重要发育节点;食欲减退或拒食,进食量显著减少等。

面对营养不良的婴幼儿,照护者应当强化护理措施以防止感染,并实施科学合理的膳食安排,特别是增加含铁食品的摄入。确保充足的休息与高质量的睡眠同样至关重要。此外,还应探究营养不良的根本原因,比如识别是慢性病还是肠胃吸收障碍,并据此采取相应的医疗干预。例如,在医生监督下,为缺铁性贫血的患儿补充铁剂,并定期检查血红蛋白水平。强化饮食调控,确保患儿获取必需的能量和营养素;改善生活方式,维持家庭环境的清洁与通风,确保足够的日照以利于维生素 D 的生成。创造温暖且安全的家庭氛围,激励婴幼儿健康发展。鼓励适度的户外活动,提升身体素质。最后,坚持定期健康检查,持续监测生长发育状况。

通过上述方法，可以有效预防和解决 0—3 岁婴幼儿的营养不良问题，确保婴幼儿得到充分的营养支持，促进其健康成长。

二、睡眠与休息

（一）睡眠周期的特点

0—3 岁婴幼儿的睡眠周期有着独特的发展特征。表 4-7 概述了各个年龄段婴幼儿睡眠周期的一些关键特征。

表 4-7　婴幼儿睡眠周期的关键特征

年龄段	睡眠时长	白天睡眠次数/每次睡眠时间	睡眠周期规律
0—3 个月	18—20 小时	4 次/1.5—2 小时	没有固定的昼夜节律，频繁夜醒，REM（快速眼动）睡眠比例高
4—6 个月	18—20 小时	2 次/2 小时左右	昼夜节律形成，睡眠周期延长，夜间连续睡眠延长
7—12 个月	13—14 小时	1—2 次/1.5—2 小时	睡眠模式稳定，REM 睡眠比例下降，夜间仍觉醒
13—24 个月	13—14 小时	1—2 次/1—2 小时	睡眠周期逐渐接近成人水平，昼夜节律固定，夜间觉醒减少
25—36 个月	10—12 小时	1 次/1—2 小时	睡眠周期逐渐接近成人水平，昼夜节律固定，夜间不觉醒

随着年龄的增长，婴幼儿的睡眠周期逐渐延长，从新生儿时期的 45—60 分钟增加到接近成人的 90 分钟。新生儿的 REM 睡眠比例较高，随着年龄的增长，REM 睡眠的比例逐渐下降。新生儿需要频繁醒来吃奶，而随着年龄的增长，夜间连续睡眠时间增加，觉醒次数减少。新生儿在 3 个月左右开始形成较为固定的昼夜节律，白天睡眠减少，夜间睡眠增多。

因此，婴幼儿家长及其主要照护者需要帮助婴幼儿建立规律的作息时间，尽量让婴幼儿在同一时间睡觉和起床。并营造良好的睡眠环境，保持卧室安静、温暖且黑暗，使用适宜的床上用品。建立一个固定的睡前例行程序,如洗澡、阅读故事等,有助于培养良好的睡眠习惯。并确保睡眠环境的安全,避免放置过多的玩具和枕头。建立固定的睡眠时间表,帮助婴幼儿形成规律的睡眠习惯。

(二)睡眠障碍的表现与解决

0—3岁的婴幼儿在成长过程中可能会遇到睡眠问题,这些问题不仅影响他们的睡眠,还可能对其成长和家长的健康带来挑战。睡眠问题的表现包括:难以入睡、夜间多次醒来、过早醒来、睡眠中惊恐或做噩梦,以及睡眠时的呼吸问题,如打鼾或呼吸暂停。

为了改善婴幼儿的睡眠质量,家长可以尝试以下策略:制定一致的睡前流程,比如洗澡、阅读、听轻音乐等;营造一个安静、昏暗且温度适宜(约20℃)的睡眠环境;避免睡前进行剧烈活动或观看刺激内容;逐渐培养宝宝独立入睡;确保孩子白天有足够的运动,以帮助他们在晚上睡得更好;注意晚餐时间不宜过晚,避免过量进食,尤其是避免摄入含咖啡因的食物和饮料。如果这些方法未能奏效,或者怀疑睡眠问题可能与健康问题相关,应寻求儿科医生或睡眠专家的帮助。

三、情绪与行为管理

(一)婴幼儿情绪表达的理解

0—3岁的成长关键期,婴幼儿的情绪表达方式会随着他们的成长而逐步演变。父母和照护者识别这些情绪变化对于满足婴幼儿的需求、加强情感纽带以及支持他们的社交和情感成长非常重要。表4-8描述了不同年龄段婴幼儿情绪表达的特点。

表4-8 不同年龄段婴幼儿情绪表达的特点

年龄段	情绪表达特点
0—3个月	通过面部表情来表达基本的情绪状态,例如微笑、皱眉 哭泣是最主要的情绪表达方式,用来表达饥饿、不适、疲劳或需要安慰 使用肢体动作,如手臂挥动或腿脚踢动来表达情绪

续表

年龄段	情绪表达特点
4—6 个月	开始对熟悉的人展现出社交性的微笑，这是积极情绪的一种表达 开始模仿大人的表情，这是学习如何表达情绪的一部分 除了哭泣之外，开始发出更多的声音，如咿呀学语，表达不同的需求和情绪
7—12 个月	能够展示更复杂的情绪，如惊讶、厌恶、好奇 使用手势、指向、摇头等方式来表达需求 模仿父母的行为和表情，以表达自己的情绪 开始学习简单的自我抚慰技巧，如吸吮拇指
13—24 个月	开始用简单的词汇来表达情绪，如“不”“要”等 由于语言能力有限，可能会出现情绪爆发，如发脾气、尖叫 继续模仿大人的表情和行为，学习更复杂的情绪表达方式 能够识别他人的情绪，并开始表达同情心
25—36 个月	使用更复杂的语言来表达情绪和需求，但仍可能有语言表达上的挑战 开始学习更有效的自我调节策略，但仍然需要成人的指导和支持 能够通过语言、肢体动作、面部表情等多种方式表达情绪 开始展示更多的社交技能，如分享、轮流等，这些也反映了他们的情绪成熟度

0—3 岁婴幼儿的情绪表达正处于迅速发展期，家长或照护者可以学习以下方法支持婴幼儿的情绪表达：①积极回应：对宝宝的需求给予迅速而积极的反馈，这有助于他们感受到关爱和安全感。②模仿和命名情绪：当宝宝表现出某种情绪时，用语言描述这种情绪，帮助他们学习情绪词汇。③营造安全环境：确保宝宝在一个安全、支持性的环境中成长，鼓励他们自由地表达自己。④情绪管理示范：作为家长或照护者，通过自己的行为来展示如何正面地处理情绪，比如在面对问题时保持冷静。⑤鼓励语言使用：激励宝宝用语言来表达自己的感受，哪怕他们只能使用简单的词汇。⑥绘本阅读：通过阅读包含不同情绪和应对策略的故事书，帮助宝宝理解情绪的多样性及其处理方式。通过这些方法，家长和照护者可以帮助婴幼儿建立一个健康的情感基础，这对他们的长期发展至关重要。

（二）行为问题的识别与干预

在 0—3 岁的早期发展阶段，婴幼儿可能会展示出一些行为上的挑战,如咬指甲、过分依赖他人、在社交场合退缩、对食物挑剔或拒绝进食、语言发展障碍、分离时的焦虑、注意力难以集中以及过度活跃等。这些行为通常与他们的认知发展、情感状态和社交技能紧密相关。家长和照护者正确地识别这些行为并采取有效的干预措施,对于孩子的健康成长极为重要。

为了识别这些行为问题,家长和照护者可以采取以下步骤:①观察:注意孩子在日常生活中的行为,尤其是在特定情境下的反应,如与同龄人互动或面对新环境时。②沟通:与经常照顾孩子的成人交流,了解孩子的行为习惯,并探讨在不同环境中观察到的行为差异。③专业评估:在需要时,可以寻求儿科医生、儿童心理学家或早期教育专家的帮助,使用标准化工具进行行为评估。

在日常的照护中,可以通过以下策略来干预婴幼儿的行为问题:①建立规律:为孩子设定固定的日常生活安排,如饮食、游戏和睡眠,以增强安全感。②积极鼓励:当孩子展示出期望的行为时,给予正面的反馈,如表扬或奖励。③设定界限:明确界定可接受和不可接受的行为,并以温和而坚定的方式纠正不当行为。④情绪支持:教导孩子如何表达自己的感受,并提供一个安全的环境让他们表达情绪。⑤社交技能培养:通过角色扮演和团队游戏等活动,教授孩子如何与他人互动。⑥家长教育:参与育儿课程,学习处理行为问题的技巧,并寻求专业指导。⑦专业帮助:如果行为问题持续或严重影响孩子的生活,应寻求心理咨询或行为治疗。

对于特定的行为问题,如分离焦虑,可以逐渐延长与孩子的分离时间,并确保在离开前告知孩子,按时返回。对于饮食问题,提供多样化的食物选择,鼓励尝试新食物,同时设立固定的进餐时间,减少零食。对于多动问题,确保孩子有足够的身体活动机会,如户外游戏,以释放能量,并在家中设立专门的游戏区域,放置能够吸引孩子注意力的玩具。

总之,对于孩子的行为问题,需要家长和照护者的细致观察和适当干预。每个孩子都是独特的,需要个性化的支持和理解。如果问题持续或加剧,应及时寻求专业帮助。

（三）如何建立积极的亲子关系

在儿童早期发展阶段，积极的亲子关系是至关重要的，它为孩子提供了一个充满爱、支持和安全感的环境，有助于其健康成长。以下策略旨在促进父母和照护者与孩子之间积极关系的建立和维护：①共同参与活动：父母应与孩子一起参与他们感兴趣的活动，如游戏、阅读和户外活动，同时利用日常活动如共餐、洗澡和睡前故事来加强亲子间的联系。②有效沟通：鼓励孩子表达个人想法和感受，并认真倾听，通过积极的反馈让孩子感到被重视。非言语沟通，如肢体语言和眼神交流，也是传达爱和支持的重要方式。③提供支持与鼓励：在孩子努力或取得成就时给予真诚的赞美，同时在指出错误时采用建设性和鼓励的方式，以保护孩子的自尊心。④设定界线：建立清晰的家庭规则并坚持执行，让孩子明白可接受的行为范围。在孩子违反规则时，合理的后果教育是必要的，以培养责任感。⑤作为榜样：父母应通过自己的行为为孩子树立榜样，特别是在情绪管理和问题解决方面，展示乐观的生活态度，帮助孩子学会在面对挑战时保持积极的心态。⑥情绪关注：教育孩子认识和表达自己的情绪，并帮助他们学习有效处理情绪的策略，如深呼吸和情绪表达，以缓解压力。⑦耐心与理解：对孩子的需求和行为保持耐心，认识到每个孩子都是独特的个体，尊重他们的个性和发展节奏。⑧亲密的身体接触：通过拥抱、亲吻和抚摸等身体接触传达爱意，加强亲子之间的情感联系。⑨创造特别时刻：庆祝孩子的成就和重要生活事件，建立家庭传统，如节日习俗和家庭旅行，以增强家庭凝聚力。⑩利用外部资源：在必要时寻求心理咨询师、婴幼儿发展专家的帮助，参与亲子活动或加入家长小组，与其他父母交流经验和心得。

建立积极的亲子关系是一个持续的过程，需要时间和耐心，这对孩子自信心的建立、社交技能的培养以及未来成功的基础都是极其宝贵的。

第五节 0—3岁婴幼儿特殊情境下的照护

一、特殊需求婴幼儿的照护

(一)特殊需求婴幼儿的特点

特殊需求婴幼儿是指那些在生理、认知、情感或社交方面存在发展障碍或延迟的婴幼儿。这些婴幼儿可能需要额外的支持和干预来帮助他们达到最佳的发展潜力。其常见特点包括:①发展迟缓,在运动技能方面,特殊需求婴幼儿可能在大肌肉(如爬行、站立、行走)或精细动作(如抓握、操作小物件)的发展上出现延迟。②认知发展障碍,这些儿童在学习新事物、记忆、理解以及解决问题方面可能表现出速度较慢,能力受限。③语言发展缓慢,可能会有发音不清、词汇量有限等问题,这可能会影响他们与同龄人的交流以及对他人情绪和意图的理解。④行为问题,难以长时间集中注意力,容易受到外界干扰。他们可能在情绪控制方面存在挑战,表现出过度兴奋、焦虑或烦躁。在面对新环境或常规变化时,他们可能会有较大的适应困难。此外,一些儿童可能展现出重复性或刻板的行为模式。⑤感官问题,可能存在视力障碍,如难以聚焦或跟踪移动物体。听力受损也可能会影响他们的语言和社交技能发展。对触觉刺激的反应可能异常敏感或迟钝,而对特定味道或气味可能有特别的反应。⑥特定健康状况,特殊需求婴幼儿可能患有遗传性疾病,这些疾病可能会影响他们的身体或认知发展。先天缺陷,如唇裂、腭裂等,可能需要特殊的护理和治疗。神经系统障碍,如脑瘫、孤独症谱系障碍等,可能会影响运动控制和社交互动。此外,慢性疾病,如哮喘、糖尿病等,需要持续的管理和照顾。

(二)特殊需求婴幼儿照护与教育的专业指导

为特殊需求婴幼儿提供照护与教育时,必须遵循一系列专业指导原则和策略,以下是一些关于特殊需求婴幼儿照护与教育的专业指导原则和策略:①通过早期筛查和专业评估,识别婴幼儿的特殊需求,并明确其需求的具体类型和程度。②根据婴幼儿的特定需求制定教育计划,设定可实现的目标,并与家庭紧密合作,确保计划符合家庭的文化背景和个人偏好。定期评估婴幼儿的进步,并根据需要调整计划。③采取一系列教育和干预措施,包括促进大肌肉技能和运动能力的发展,提高日常生活技能,如进食和穿衣,以及促进语言和沟通技能的发展。通过定制的教学计划满足婴幼儿的独特需求,并利用游戏和活动促进社交技能的发展。④帮助婴幼儿处理和整合感官信息,使用正向强化等技术改善行为问题。⑤为家庭提供有关特殊需求婴幼儿照护和教育的相关资源和信息,举办工作坊,提供特殊需求婴幼儿照护的知识和技能培训,并建立支持网络,为家庭提供情感上的支持。⑥鼓励将特殊需求婴幼儿纳入主流教育环境中,促进包容性教育。利用社区资源,如公共图书馆、公园等,提供适合特殊需求婴幼儿的活动,并为教师和其他教育工作者提供专业发展机会。⑦定期监测特殊需求婴幼儿的健康状况,及时发现并处理任何健康问题,评估婴幼儿在日常生活中的风险因素,并采取相应措施减少风险。⑧利用辅助技术和设备,如特制座椅、沟通板等,帮助婴幼儿克服障碍,并使用专门为特殊需求婴幼儿设计的教育软件和应用程序,促进其学习和发展。⑨关注最新的研究成果和技术进展,以提供最有效的干预方法,并不断更新自己的专业知识和技能,参加专业培训和研讨会。

通过这些专业指导原则和策略,可以为特殊需求的婴幼儿提供全面的支持,帮助他们在身体、认知、情感和社会技能方面取得进步。重要的是要采取全面而个性化的照护与教育方法,确保婴幼儿能够充分发挥潜力。

二、多子女家庭中的平衡

(一)分配注意力与资源

在多子女家庭中,父母面临着平衡对每个孩子的关注和资源分配的挑战。为了确保所有孩子都能得到适当的关爱和支持，家长可以采取以下策略：①家长应努力确保每个孩子感受到平等的关注和爱护，同时认识到每个孩子的个性和需求可能有所不同，并据此进行资源的个性化分配。②根据每个孩子的年龄、发展阶段和兴趣，制定个性化的教育计划。这可能包括不同的学习材料、活动和资源。③设计一些可以让孩子们一起参与的学习活动，如家庭科学实验、艺术创作或户外探索。这样的活动可以促进不同年龄段孩子之间的互动和学习。④定期与每个孩子进行一对一的交流，了解他们的想法和感受，并鼓励他们表达自己的意见和需求。⑤提供正面反馈，鼓励孩子尝试新事物，并教导他们如何识别、表达和管理自己的情绪。⑥建立清晰一致的家庭规则，并公平处理孩子间的争执，教育他们如何协商和解决问题。⑧与孩子保持开放和诚实的沟通，了解他们的感受、挑战和成功。这有助于家长更好地理解孩子的需求，并提供适当的支持。

家庭情况会随着时间发生变化，家长们应该灵活调整策略以适应新的需求。并保持积极的心态，可以通过阅读书籍、参加研讨会或加入家长团体来提高自己的教育技能和知识，以便更有效地支持孩子的学习和发展。

(二)解决兄弟姐妹间的冲突

在多子女家庭中，0—3 岁的婴幼儿兄弟姐妹间的冲突解决是一项常见且重要的任务。由于这个年龄段的孩子正处于学习如何表达需求和情感的阶段，因此他们之间的冲突通常源于沟通障碍或资源竞争。以下策略旨在帮助家长有效管理和解决这些冲突：①预防措施，通过确保每个孩子都有专属的一对一时间，以及公平分配玩具和活动时间，可以减少资源争夺的可能性。同时，需建立清晰的家庭规则，明确可接受的行为标准。②及时干预，在冲突初期迅速介入，以平静的态度处理问题。引导孩子用言语而非肢体动作来表达自己的感受，并示范如何和平解决问题，如通过轮流和分享。③情感认同，认可并重视每个孩子的情感，教导他们理解和关心彼此的感受。对孩子们在解决问题上的尝试给予积极的反馈。④培养轮流和分享，通过游戏和日常活动，教育孩子们轮流和分享的概念。当孩子们展现出和平共处或有效解决问题的行为时，给予适当的奖励。⑤冲突解决策略，鼓励孩子们共同决策，减少冲突。在玩具成为争夺焦点时，引导他们转向其他有趣的活动，转移注意力。⑥后果设定，对于不当行为，设立一致的后果，让孩子们明白违反规则会有明确的后果。同时，强调并奖励积极的行为。⑦家长的示范作用，家长应通过自己的行为来示范如何处理冲突，保持耐心和冷静，即使在处理冲突时。⑧教育和引导，利用故事书和角色扮演活动，教授孩子们关于分享和解决冲突的知识。⑨自我调节技巧，教授孩子们自我安慰的技巧，如深呼吸和数数，鼓励他们用言语而非行动来表达感受。⑩家庭会议，定期举行家庭会议，讨论家庭规则和冲突解决方法。在会议中，确保每个孩子都有机会表达自己的观点，并得到认真倾听。

通过这些策略，家长可以促进 0—3 岁婴幼儿兄弟姐妹之间的和谐相处，减少冲突，同时提供一个充满爱和支持的成长环境。重要的是，家长应持续提供支持和指导，帮助孩子们学习有效的沟通和冲突解决技巧。

三、工作与家庭生活的平衡

（一）工作压力下的育儿策略

在工作压力较大的情况下，父母照顾 0—3 岁婴幼儿可能会面临更多挑战，可以优化一些育儿策略，以便更好地平衡繁忙的工作和家庭生活。①日常规划与组织，建立固定的日常例行程序，包括一致的起床、用餐、游戏和睡眠时间。提前准备必需品，如第二天的衣物和午餐，以及与家庭成员共同分担家务，以减轻个人负担。②有效沟通，定期举行家庭会议，讨论家庭计划和问题。向孩子提供清晰、简单的指示，并对他们的努力给予积极的反馈，即使结果不完美。③保证陪伴质量，尽管时间有限，但应确保与孩子的互动时间是高质量的。选择孩子感兴趣的活动，如阅读、绘画或户外活动,并在日常活动中寻找与孩子互动的机会。④科技工具的利用,利用视频通话等技术手段与孩子保持联系,记录孩子的成长瞬间,并使用在线资源和应用程序支持孩子的学习和发展。⑤寻求外部支持,考虑使用可靠的托育服务,如托儿所或保姆,并请求家庭成员的帮助。利用社区资源,如婴幼儿活动和亲子课程。⑥自我照顾,确保自己有足够的休息时间,避免过度劳累。通过冥想、瑜伽或深呼吸等放松技巧缓解压力,并保持社交联系,分享育儿经验和压力。⑦灵活应对,制定灵活的日程安排,以适应突发事件。减少不必要的活动和承诺,简化日常生活,并确定优先处理的事项。⑧积极心态,记录每天的积极经历,培养感恩的心态。庆祝即使是很小的进步,并保持积极乐观的态度,为孩子树立榜样。⑨专业咨询,在遇到困难时,寻求育儿专家的建议。如果感到压力过大,可以考虑咨询心理健康专业人士。⑩紧急计划,确保有一个紧急联系人名单,并为可能发生的意外情况制订备用计划。

通过这些策略,家长可以在忙碌的工作生活中更好地照顾婴幼儿,同时也保证了自己的身心健康。重要的是要保持灵活性,根据家庭的具体情况进行调整,并始终保持积极乐观的态度。

(二)寻找合适的托育服务

选择合适的托育服务对于忙碌家庭而言是一项重要决策。以下是一些系统化的步骤和建议,旨在协助家长做出明智的选择:①首先明确家庭的具体需求,包括托育时间(全天或部分时间)、地理位置(靠近家或工作地点)、预算限制以及孩子的特殊饮食或医疗需求。②探索不同的托育服务类型,比如社区托育中心、早教中心或幼儿园。利用个人网络获取推荐,并参考政府或卫生部门认证的托育机构名单。③亲自访问托育机构,评估其环境、安全措施、清洁度以及是否提供适合孩子年龄和发展阶段的玩具和学习材料。④了解托育中心的教育理念、教学方法和活动课程。同时,评估教师的资质、经验和对孩子的关怀。⑤询问托育中心如何监测孩子的发展,以及如何满足不同孩子的个性化需求。确保机构有效的家长沟通渠道。⑥寻找能够提供家园合作机会的托育中心，共同促进孩子的成长。询问是否提供额外的支持服务，如营养餐、心理健康辅导等。⑦核实托育机构是否已在相关部门注册并持有合法的许可证。检查员工是否经过背景调查和专业培训，以及是否符合当地的卫生和安全标准。⑧如果条件允许，让孩子参加试托期，观察其对新环境的适应情况。一些托育中心提供过渡期服务，帮助孩子逐步适应。⑨与托育中心建立定期沟通，获取孩子进步的反馈，并积极参与中心组织的活动，以加强与孩子的联系。⑩了解是否可以获得政府提供的托育补贴或其他形式的经济援助。

通过上述步骤，家长可以全面评估托育服务的质量和适宜性，从而为家庭选择最合适的托育机构。重要的是，每个家庭的情况都是独特的，因此在选择托育服务时，应充分考虑家庭的具体需求和偏好。

第五章　国内外 0—3 岁婴幼儿照护实例

在探讨 0—3 岁婴幼儿的照护体验时，不同文化背景下的育儿实践呈现出显著的差异性。这些差异主要表现在照护理念、日常习惯以及教育方法等多个维度。具体而言，亚洲文化倾向于强调家庭的核心地位、早期智力开发以及与孩子的紧密互动；而西方文化则更加重视培养孩子的自主性、情感交流以及规律的作息安排。以下是针对不同国家和地区婴幼儿父母的调研访谈分析，旨在深入理解他们在育儿过程中的体验与感悟。

本书旨在揭示不同文化背景下育儿的独特性，并探讨父母如何依据自身文化传统来构建适合孩子成长的环境。通过对这些经验的梳理，本书为跨文化背景下的育儿交流提供了宝贵的视角和参考。在这一过程中，我们不仅关注育儿的普遍规律，也尊重和挖掘不同文化背景下育儿的特殊价值。

第一节　成为父母的体验和心路历程

孕育生命是一段神圣而神奇的生命历程，对于每一对父母而言，均是他们人生中弥足珍贵的重要篇章。这一过程涵盖了从精心备孕、怀胎十月直至婴儿呱呱坠地，再到产后恢复的数月时光，每一个阶段都赋予了父母独特且深刻的体验。故此，本章节着重聚焦于受访者的备孕及怀孕历程，深入剖析这一过程中蕴含的丰富体验与感悟。

一、从备孕到怀孕的体验

婚姻与生育，无疑是众多人人生旅途中浓墨重彩的重大篇章。有的人顺其自然，轻而易举地实现了备孕愿望，而另一些人则需历经坎坷曲折，方能在不懈努力后迎接新生命。每个家庭都有其独特的孕育故事，演绎着从渴望到收获的动人历程。

（一）来之不易的新生命

杨梦婷在步入婚姻殿堂后不久，便萌生了为人父母的热切期望，这不仅源于她内心深处对新生力量的向往，也源自双方父母殷切期待早日抱上孙子孙女的美好愿景。“但是也没有特别的去备孕啊什么的，就想着顺其自然吧。”她在医院进行了一系列的检查，确保夫妻双方身体健康，然后顺其自然的成功怀孕。“我婆婆那会儿很开心，还在孕早期就和亲戚朋友们分享了我怀孕的消息。”杨梦婷怀孕后不久，可能是由于自身体质的原因，突然就流产了。“就有一天上厕所，然后就出了很多血，还有一大包固态的东西就流出来了。”面对突如其来的变故，她深陷悲痛与哀伤之中。庆幸的是，这次不幸的遭遇属于自然流产，在医院详细检查后，医生告知无需实施清宫手术，对身体健康的影响相对较小。尽管时光荏苒，每当提及此事她仍感到无比遗憾。此事过后，她开始积极寻求调养身体的方法，寻访了当地知名的老中医进行体质调理。在再次准备迎接新生命的过程中，她比第一次备孕时更加谨慎。她不仅加强了日常的身体锻炼，还格外注意饮食的均衡，为下一次怀孕做好准备。“我还报了一个跳舞的班，也经常在下班后和我妈跳跳广场舞什么的。”然而，杨梦婷在政府基层岗位工作，日常事务繁重，加之其他因素影响，使得她在两年多之后才再次成功怀孕。与第一次怀孕相比，杨梦婷在第二次孕期中对自身照顾得更加细致。在她满怀期待地准备再次担任母亲角色的时候，强烈的妊娠反应却给她带来了前所未有的不适，“我从怀他开始一直到生，都是有孕吐反应的，而且前期是比较剧烈，所以我前期是瘦了有七八斤，就那个时候只剩下 85 斤左右,好在整个孕期的产检,除了说宝宝可能会偏小一点,生产条件各方面都是好的,各项指标都正常,也没有脐带绕颈等异常的情况”。

生育作为女性的一种天然的生理本能,现实中却常常因受到环境条件、膳食结构、遗传因素等诸多复杂变量的影响,致使一部分人在怀孕过程中遭遇重重困难。有的女性在尝试受孕阶段就已面临挑战,有的则在孕期饱受各种不适,甚至遭遇危急症状的困扰。杨梦婷的孕育历程,无不透露出艰辛与不易。尽管访谈时间已然过去许久,但从她回忆往事时的语言表达与神情中,仍然能够感受到那段特殊时期的艰难。

此外,研究者在小红书平台上用“试管”和“来之不易的宝宝”两个关键词进行检索,可以看到大量相关的内容帖。如一位名为“兔宝宝”的博主分享自己花了 30 多万元,经历了两次胎停,才终于在 2023 年 1 月生下了自己的第一个小宝宝。“从 2020 年那会儿开始,我们就一门心思打算自然怀上娃,可折腾了老长一段时间,愣是没动静。到最后,实在是没辙了,只好咬咬牙踏上了试管婴儿的漫漫征程。这一路上的苦楚,恐怕只有亲身经历过的人才能真正体会得到。一个女人一个月就那么一颗宝贵的卵子,为了增加成功概率,得在肚子里储备十几颗卵泡。后面还有培养胚胎、手术移植、期待它能在子宫里稳稳扎根这些环节,步步都是险棋啊。那个促排针,一针一针往肉里扎,那滋味儿真是……好几次我都掉了眼泪。因为自然怀不上但又想要娃的人有很多,大清早天还没亮就得跑去医院排队,抽血抽得胳膊都快成筛子了,验尿验得看见小杯子就犯怵,各种检查更是家常便饭。但是真是没法子,只能硬扛啊,一边忍着疼痛,一边还得调整好心态,保养好身体,生怕哪个环节出差错。好在最后有个好结果,宝宝终于顺利降临,现在回想起来真的是感觉太来之不易了。”幸运的是,这位母亲最终迎来了自己的宝宝。然而,仍有许多人长期备孕却未能成功。有一位名为“桃子妈”的博主分享自己的经历:“这三年备孕路,真的是太艰难了。到现在为止,我已经五次躺上手术台,其中有四回是全身麻醉。光是监测排卵做的那些 B 超,加一起估计都得有三百多回了吧。之前连续三次促排,结果搞出个肌瘤来,逼得我又挨了一刀。宫腔镜、腹腔镜、输卵管造影这些检查治疗，一个没落下，全都做过了。中药调理也换了好几位大夫的方子，艾灸、针灸这些偏方也都试过了。连染色体、基因、免疫这些检查，凡是我听说能做的，甭管多贵多麻烦，也都做过了。"这位1987年出生的女性从2020年就开始试管："这过程，真的是太不容易了！真的！从前期各项检查、治疗，到正式进入周期，然后又是促排、取卵、移植这一系列操作，一套流程下来，扎过的针、遭过的罪，简直没法细数。每次注射药物后，身上那种肿胀感、坠痛感，再加上激素导致的情绪波动，一会儿喜一会儿忧，时不时还觉得自己特委屈……其中的种种滋味儿，真是说也说不完，一言难尽呐！"即便每次检查，身体的各项指标都还不错，但迟迟未果，"从小到大的人生都很顺利，但现在感觉我都快被备孕这事儿给整趴下了，就卡在这一步动弹不得。如今在试管这条道上艰难前行，虽然我总给自己鼓劲儿、打鸡血，但说实在的，但难免也有迟疑、心情滑铁卢的时刻，有时候情绪一下跌到谷底，整个人就跟坐过山车似的"。

生育是一个横跨生理、心理、社会和文化维度的复杂过程，生育旅程中，女性面对生理与心理的多重挑战，需要医疗资源、文化背景和社会支持网络等多元化的支持体系在其中发挥关键作用，而公众对话则有助于提升社会对生育问题的认识与关怀，展现母性的韧性和对新生命的希望。通过分享和讨论生育故事，可以增进社会各界对生育问题的深度认识，同时也为面临同样挑战的女性注入勇气和希望。

(二)顺其自然的备孕

顺其自然的备孕观念强调的是夫妻双方的身心健康和积极的生育态度。在这种观念下，夫妻不会精确计算排卵周期或监测卵泡成熟度等复杂环节。他们也不倾向于使用医疗辅助或人工干预手段。相反，他们选择放弃避孕，保持轻松愉快的心态，让怀孕过程自然而然地发生。

郭婷的备孕经历体现了顺其自然孕育方式的理想性，这种方法被认为是最符合生理节奏的备孕途径。尽管郭婷处于高龄，并且处在攻读博士学位的关键时期,她却保持着非常平和的心态,将重点放在学术研究上。就在不经意间,新生命悄然而至。在怀孕期间新冠疫情暴发,郭婷因此居家隔离,无需频繁返校。所以新学期开始时,周围的人都没有注意到她已怀孕,只是觉得她略有发胖。即便是与她熟悉的导师,也一直未曾察觉。直到有一天,两人在户外散步讨论学术问题时,导师注意到郭婷的步伐不再像以前那样敏捷,这才意识到她可能已经怀孕了。“我不知道我导师什么时候发现的,最开始应该是不知道,后来知道了也没有说什么,毕竟人家是过来人,早就看开了。因为住学校宿舍不方便,我想待个一两周就回去,后来我就跟他说了怀孕的事情,他立马就说那你身体要紧,你回家去吧。我本来是 6 月份要毕业的,就因为怀孕了,我就和导师说自己准备得还不充分,毕业论文写得还不好。后来我导师大半年时间都没有找我,一直到年底生完之后才和我说毕业还是要尽快,要把这个毕业论文写起来。”

总体而言,郭婷在孕期的主要时光都沉浸在研读文献与撰写论文之中,持续保持着思考的状态,情绪波动较少,身心状况整体维持得非常稳定,展现出难得的从容自若。平日里她就偏好穿着宽大的衣物,因此从外形上几乎看不出明显的身形变化,妊娠纹、脚部浮肿等常见孕期症状也并未在她身上显现。尽管在快速行走时会感受到疲劳,伴有心跳加速和呼吸急促的现象,但除此之外,郭婷并未经历过严重的孕吐反应,亦不曾出现食欲减退的问题,仅在一次偶然情况下对火腿肠的气味产生轻微不适感。相较于多数孕妇,郭婷的孕期体验可谓十分顺利。尤其是在妊娠期的最后三个月,她坚持每日适度运动,如散步 5 公里,这项习惯一直延续到分娩当天。这样的健康生活方式无疑为她带来了较为轻松愉快的孕期生活。本书中的其他访谈对象,钱园、金善贤、张玲玉和李林峰的妻子这四位受访者的备孕过程都还算顺利,算是顺其自然就怀孕了。

顺其自然的备孕观念在当代生育实践中占据了一席之地,这种观念强调以身心健康为基础,减少对生育过程的人为干预,不过分依赖医学监测和人工辅助手段,而更多地信任人体自身的生育规律和潜能。顺其自然的备孕方式是一种自然而然的生育选择，它强调健康的生活态度和适度的调整，同时依赖于社会的理解和支持。这种方式可能在降低孕期风险和促进健康生育方面具有一定的优势。

（三）意料之外的新生命

不同于顺其自然的备孕人群，意外怀孕往往会打乱夫妻双方原有的计划，而且不同的人往往会有不同的体验。有些人会感到很惊喜，也有人会感到很苦恼。受访者赵星在结婚后原本还没考虑过生小孩，“刚结婚之后本来还想说要不在这边再读点书什么的，当时还想着特别多的计划，结果就不小心怀上了。但是当时也已经结婚了，有小孩了也是正常的，没有必要说去抗拒这个事情，所以就顺其自然地打算生下来”。怀孕初期，赵星也和绝大多数准妈妈一样，经历了难熬的孕吐。“怀第一个孩子的时候，我超级想吃中餐，法国这边吃的总有很多奶酪，一闻到那味儿我就想吐，那时候真是挺受罪的。到了怀老二的时候，我总算如愿以偿，在国内的时候怀上的。但没想到，在国内待了两个月，吃饭还是吃不下，一闻到味道就想吐，感觉东西太油了。”孕期的生理不适并未因身处环境的不同而有太大的差异，但法国完善的医疗保障和生育制度为赵星的生育提供了极大的便利。虽然是意料之外的受孕，但是给她们一家带来的是欣喜和期待。

但是也正因为没有计划，可能会在怀孕前做一些不利于胎儿的事情。比如名为“Q me”的博主写道：“第一次测出来怀孕，我是又惊又喜。开心的是，我一直想要个二胎；可担心的是，两周前我完全不知道自己怀孕了，胃疼得要命，只能躺在床上，还去药店买了胃药和止痛药吃。还好吃了两天就不疼了。但现在药也吃了，我开始担心这对孩子有没有影响。第一次去产检，医生就给了我一大堆验血的单子，还说：‘要是家里决定不要这个孩子，这些检查也是流产前必须做的。’这话让我心里发慌，感觉医生好像在暗示，一般人遇到这种情况可能不会选择留着孩子。后来我找了几位朋友帮忙，她们也去问了医生。医生说，我吃药那会儿大概怀孕两周，如果药物真有问题，孩子自然就会流掉。就这样提心吊胆熬到了孕 7 周建档案那天，又验血又做 B 超，结果显示胎儿还挺健康。可新的问题又冒出来了，血检显示我弓形虫 IGM 阳性，按理说我家没养宠物倒也不用太紧张，可偏偏家里有只英国短毛猫，而且这货还天天在外面浪，不到天黑不回家。好在复查结果显示它是阴性的。之后又是漫长的等待，我自己两周后再查了一次弓形虫，产前筛查门诊的医生告诉我，如果这次 IGM 数值没升高，且 IGM 仍为阴性，那基本可以判断为假阳性。这次血检结果得等足 24 小时，等来的结果是 IGM 值降了，IGM 依然阴性。朋友们帮我问了医生，也都说让我放宽心养胎。这两周，我简直是数着日子过的，加上孕吐反应特别强烈，其实早就做好了最坏的心理准备。总之，还是要有计划地怀孕，对自己、对宝宝都好。”

此外，意外怀孕后也会因为各方面没有准备而感到无比的焦虑，比如博主“惜心”在发现意外怀孕后分享的心路历程：“我家大宝都三岁半了，我一直铁了心，坚决不想要二胎。但我老公和两边老人都巴不得我再生一个。月初的时候，他们还想方设法说服我，结果月底一测，哎，没想到真的‘中奖’了！这可不是闹着玩的，是真的有了。但我一点儿也兴奋不起来，心里全是烦恼。大宝倒是挺开心的，真心想要个弟弟或妹妹。我是彻底慌了，不知道接下来该怎么办。虽然早晚都得生二胎，但早生和晚生有啥大区别啊？对我来说，最大的问题就是——没钱！咱们就是普通家庭，公婆和老公都得挣钱养家，只有我在家带娃。大宝这么大了，老公偶尔搭把手，但次数少得可怜。因为这事儿，我们也吵过嘴。我就觉得，他们催生催得那么起劲，最后累的还不是我？不生吧，怕做人流遭罪还冒风险；生吧，又怕养不起。特别是赶上这疫情闹得，生活压力更大，真是左右为难啊。”

意外怀孕作为一种复杂的社会现象，牵涉到个人情绪应对、家庭规划调整、医疗保健、经济条件等多元维度。通过对不同个体经历的梳理，我们可以深入理解女性在遭遇意外怀孕时所面临的多元挑战与切实需求，从而为社会政策制定、家庭支持服务以及个人决策提供更为全面的认识基础。

女性在备孕、怀孕直至生育过程中都会面临生理、心理等方面的各种挑战，各国医疗政策与家庭支持也会对女性的孕育经历产生不同程度的影响。但是从访谈中可以看出，女性的生育虽然满是意外和艰辛，但是不同的家庭支持、医疗保障和个人心理调适状态会影响孕妈的生育体验。

二、母子合体的体验

（一）充满挑战的孕早期

绝大多数女性在孕早期都会出现一些异常的症状，比如可能会感到疲惫、无精打采、想要打瞌睡；尿频；对食物的好恶发生变化；感到恶心、呕吐；食欲增加，特别是在晨吐有所缓解的情况下；唾液分泌过多；便秘；乳房刺痛，变得柔软；随着血容量增加、腹部、腿部或其他部位静脉显露；偶尔头疼；偶尔出现虚弱、眩晕等症状；阴道分泌物略微增多；肚子稍圆，衣服可能开始变紧等症状。同时，在精神上也会出现情绪不稳定、易激怒、伤心流泪；感觉不真实；容易焦虑、紧张失眠等症状。这些症状中的任何一点都会让准妈妈们感到不适，尤其是头胎妈妈没有过生育的经验，身体上的不适更会引发心理上的问题。总之，孕早期对于准妈妈而言是一个比较难熬的阶段。

金善贤在怀孕期间，自身的反应并不算严重，“虽然没有科学证明，很多人说生儿子的话孕吐反应没有生女儿严重，所以我孕吐反应不严重。但是我刚怀孕的时候，就特别想吃辣的，吃饭都要配上味道重的食物。这又和大部分人说的‘酸儿辣女’的说法又不一样”。但是金善贤的孕期正好处于新冠疫情期间，“我怀孕的那个时候，疫情刚流行的时候，我就非常担心。如果在外边遇到不戴口罩的人，还有随便咳嗽的人，也会感到非常生气。因为那时候我非常敏感，对疫情的知识了解很少，所以是非常害怕的。幸运的是，孕期和生产期都没有被感染”。

孕早期作为一个关键且挑战颇多的阶段，其复杂性体现在多个维度：

①生理挑战，孕吐是孕早期的典型症状，而孕期饮食偏好的改变很常见，这可能与激素变化、对食物的敏感度提高或营养需求的变化有关。赵星和金善贤的经历都证明了这些。赵星因为不适应异国食物而加剧了孕吐，金善贤则表现为喜欢吃辣，显示出孕吐的个体差异。②外部环境压力，新冠疫情给孕期妇女带来了额外的心理压力和健康风险。金善贤的经历展现了孕妇在疫情期间对自身和胎儿安全的深切担忧，这也是当今社会环境下孕妇所面临的特殊挑战。③身体症状与困扰，孕早期的各种身体不适，如疲劳、频繁排尿、便秘、乳房胀痛、腿部静脉曲张、头痛、乏力等，严重影响孕妇日常生活及工作效率，体现了孕期生理变化的广泛性和复杂性。④精神健康问题，除了生理变化，孕早期还伴随着一系列精神心理方面的挑战，例如情绪波动剧烈、易怒、焦虑、紧张失眠等。这些问题对于初次怀孕的女性尤具挑战性，因为缺乏经验可能会加重不适感和焦虑情绪。

总之，孕早期是一个充满身心挑战的阶段，孕妇需要经历并应对来自生理、心理以及外界环境的多重考验。这一阶段要求家庭、社会以及医疗卫生系统提供充分的理解、支持与恰当的护理措施，以确保孕妇和胎儿的健康与福祉。同时，深入研究和探讨孕早期的各类体验，有助于相关机构制定更贴近实际需求的孕期支持政策和实践方案。

(二)相对平稳的孕中期

孕中期可以说是整个孕期中最为舒适的一个阶段，正如小红书用户“云”所描述的：“哎呀，传说中的轻松孕中期终于来啦！突然就不吐了，坐车也不吐，连那些不太喜欢的味道也能忍了，顶多就是有点干呕。说真的，只要不吐，怀孕的日子就很快乐。”但是，孕中期也会有一些其他令人烦恼和不适的症状，比如晚上会因为频繁上厕所、腿抽筋等症状而失眠；肩颈酸痛；口干舌燥、容易便秘；皮肤出现瘙痒，出现妊娠纹；贫血头晕；内分泌物增多等。孕中期需要给胎儿进行无创 DNA、大排畸、心电超声等项目，也会遇到一些异常状况，这些都会让准父母提心吊胆、惴惴不安。

如小红书用户“小花”分享自己的经历，“我家大宝是 2018 年生的，那时候整个孕期产检一路绿灯，最后剖宫产也很顺利，孩子生下来健健康康的，一直没啥毛病。但谁能想到，去年 12 月我感染了新冠，然后今年 3 月怀上了二胎。本以为还能像上次一样顺利，结果孕中期检查的时候，医生说胎儿有好几处畸形，听到这消息简直像天塌下来一样，我一下就懵了。我和我老公都是 90 后，年纪不大，身体也挺好的，平时还喜欢运动，本来开开心心计划着要个二宝，谁能想到会摊上这种事儿。最后没办法，只能选择引产，这心里真不是滋味儿，堵得慌”。

王乐乐所孕育的生命可谓弥足珍贵，尽管妊娠过程遵循自然规律，但孕期旅程并非一帆风顺。进入孕中期，大约在孕五个月时进行大排畸检查，医生检测到胎儿的肺部存在囊肿现象。虽然医生说这只是个小问题，但对于第一次当妈妈的她来说，这个消息还是让她感到非常害怕和担心。“在这边（加拿大）的话我们会有个家庭医生。她也是产科医生，从我怀孕开始她就会一直跟着我，我几乎每个月都要去她那儿检查一下，了解宝宝的情况和我的体重、尿检和血检这些基础的信息。大概在 3 个月的时候会有一次 B 超检查，5 个月的时候大排畸就发现孩子的肺上有一个小囊肿，虽说是小问题，但是那时候还是感觉很害怕。然后我们的家庭医生就特别好，给我开了病假条，我就可以直接向公司申请病假，病假是 16 周，这 16 周里面都可以拿政府的补贴，补贴我工资的 55%。所以我基本就从怀孕 5 个月开始到现在大概快休假 2 年了。”

孕中期这一孕期阶段展现出了鲜明的两面性特征：一方面，孕中期在生理上为孕妇带来相对舒适的体验，相较于孕早期的孕吐等症状减轻不少，但这一阶段仍然伴随着一系列身体不适症状，如睡眠障碍、肌肉骨骼疼痛、口腔干燥、消化系统问题、皮肤病症状、贫血及其他血液系统反应等。这些身体上的挑战使得孕中期的健康管理不容忽视；另一方面，孕中期在心理层面给孕妇和家庭带来了检测胎儿健康状况的压力。定期进行的无创 DNA 筛查、大排畸、胎儿心脏超声等一系列医学检查，对确保胎儿正常发育起到决定性作用。当出现如“小花”所述的胎儿异常状况时，孕妇和家庭会面临巨大的心理压力和不确定性。

家庭医生在孕中期的连续性医疗服务中扮演了关键角色，他们提供的个性化医疗建议和监测保障对孕妇和胎儿的健康具有重要意义。此外，国际的生育政策和医疗体系的差异也对孕妇的体验产生显著影响。如王乐乐在加拿大的经历所示，当地免费且完善的生育政策及医疗服务体系为孕妇提供了有力的支持，尤其是在面对孕期突发状况时，能够减轻其经济和心理负担。同时，孕妇还可以根据自身需求选择适合的孕期指导服务，如寻求妇科专家、产科医生的专业意见，或者依托助产士的全程陪护服务，以获得更为个性化的孕期指导和心理支持。

综上所述，孕中期作为孕期中的关键节点，孕妇不仅需要关注自身生理变化带来的挑战，更要重视医疗监护、心理疏导和政策支持等方面的问题。在全球范围内，不同国家和地区提供的生育政策和医疗资源直接影响到孕妇在这一时期的体验和应对策略，因此，构建和完善兼顾孕妇身心健康、胎儿正常发育的综合支持体系显得尤为关键。

（三）意外频发的孕晚期

怀孕后期，胎儿越长越大，子宫也随之增大，不仅占据了腹腔的大部分空间，还把膈肌往上推，导致胃和心脏受到压迫。所以，孕妇经常会感到腰酸背痛、胃胀、喘不过气来，晚上睡觉也不舒服。另外，孕期激素的变化容易导致孕妇身体水分和钠盐过多，子宫的增大又会挤压盆腔、下肢的静脉和膀胱，这可能会导致腿脚肿胀、频繁上厕所，甚至尿失禁。心理上，一些孕妇可能会因为担心分娩的疼痛、孩子的健康，或是害怕分娩过程中出现意外而感到焦虑和紧张。就如小红书用户“月季”所言：“一方面，我真是等不及想要赶紧生娃，这段时间太折磨人了！肚子沉得跟背了座山一样，跑厕所跑得跟什么似的，喘口气都费劲，晚上睡觉也是翻来覆去，胃里酸得要命，耻骨那儿疼得我直咬牙。我就寻思着，早点生完娃，就能早点解放了！另一方面，我又挺怕生孩子那会儿的疼，还有生了之后带娃的日子。生孩子得多疼啊，什么撕裂、侧切，想想就浑身发冷。听说喂奶也疼，还担心会不会得产后抑郁，心里慌得很。带孩子的话，估计想好好睡觉就更不可能了。孕晚期我每天都在这两种想法之间纠结，一会儿想着生了就轻松了，一会儿又担心生完更累更麻烦，心里那个矛盾啊。”小红书用户“月月”也提到：“今天都 37 周加 4 天了，每晚我一个人躺在床上，就跟得了失眠症似的，翻来覆去就是睡不着。脑子也不消停，各种乱七八糟的事儿一股脑儿往里钻。也可能是因为身体不太舒服，一躺下就感觉肋骨疼、腰也疼，稍微换个姿势，就像有千斤巨石拽着肚子，拽得肚子绷得紧紧的，硬邦邦的。平躺吧，呼吸都费劲；侧躺吧，尿频得要命，三五分钟就得爬起来跑趟厕所。拖着这笨重的大肚子，起个身跟上刑似的，那个痛苦劲儿，哎呀妈呀！睡不好不说，还老晚睡早醒，早上起来脑袋瓜子还嗡嗡作响，疼得厉害。今天更是邪门了，手和胳膊都麻得不行，感觉像过电一样。本来睡眠质量就烂得可以，现在更是雪上加霜。你说睡一觉起来，咋感觉比干一天体力活还累呢？情绪也是说崩就崩，动不动就想哭，焦虑得不行，整个人都快崩溃了。这日子，过得真是煎熬啊！”

孕晚期还容易出现各种意外情况，比如出现羊水异常、胎儿缺氧、脐带扭转、胎动异常等症状。受访者王乐乐就经历过意外状况，但是好不容易熬到了孕晚期，却突然出现了面瘫的症状，“当时真是吓坏了，马上就要到预产期了，我就赶紧去医院，产科那边给我做了一系列的检查，说孩子没什么事，但是得去楼下的急诊看面瘫的问题。然后我就在急诊等了很久，等到快要生了。后来就直接在医院生了，但是那时候还继续面瘫”。幸运的是，医院的工作人员都非常亲切。王乐乐住在单人病房，丈夫可以陪护，还有专职护士随时在旁照料。一旦有需要，产妇身边会有三名护士和一名医生提供帮助。她在分娩时由于接受了无痛分娩，所以整个过程并不痛苦。然而，由于她的面瘫问题尚未解决，医生在无法确定具体原因的情况下，为她进行了 B 超、CT 等检查。通常情况下，顺产产妇一天后即可出院，但她因情况特殊在医院多住了三天。医院还特别指派了一位神经科医生对她进行跟踪治疗，开具了治疗药物，并定期通过电话了解病情，进行必要的检查。为了加快康复，她还接受了针灸治疗。经过大约八个月的针灸治疗后,她的面瘫才痊愈。

虽然孕晚期的准妈妈在身体和心理上都会经历一些不适,但是对于腹中宝贝的到来还是充满了无限的期待,小红书用户“欢欢”分享:“全家人都好期待你的到来!你瞧,你的爸爸妈妈早把你所需的各种小物件儿准备得妥妥的,一样不落。尤其是你妈妈,为了迎接你的到来,那可是做足了功课,什么育儿知识都学了个遍。你爸爸也不含糊,亲手给你搭好了温馨舒适的小床。你爷爷奶奶更是忙得团团转,为了咱们的新家装修,他们可没少操心。你外婆,更是心灵手巧,已经给你织了一大堆软乎乎、暖洋洋的毛衣。你外公呢,虽然嘴上不说,但我知道他心里可稀罕你了,每天都会跟咱们家的小狗可可念叨你,跟它‘汇报’家里迎接你的准备工作。宝贝,你放心,只要你健健康康的,那就是我们全家最大的心愿。今天是你满 37 周的第一天,标志着你已经是足月宝宝啦!从今往后,我们每天都满怀期待,盼着和你面对面相见的那一刻。送你的第一份礼物,也是最重要的一份礼物,那就是爸爸妈妈承诺会用一生的时间去爱你、呵护你。宝贝,我们爱你!”准父母的喜悦之情溢于言表。

孕晚期是孕期的重要阶段,孕妇在这一时期面临生理和心理的双重挑战,急需全面的医疗支持、家庭关爱和社会理解。合理应对这些挑战,有助于保障母婴健康,顺利度过孕晚期。

三、刻骨铭心的生育体验

(一)痛不欲生的顺产体验

医学上一般将疼痛分为 10 个等级,生育过程中的疼痛属于疼痛的最高级别,经历过生育的妈妈们都深知生孩子的痛苦。生育孩子的痛不仅是宫缩,产后的恢复也是一个痛苦的过程。

受访者杨梦婷生产条件各方面都是好的,好不容易等到孕产期生产,但也过程曲折,“我当时是难产,十指全开了但就是生不下来,那个时候又不具备剖宫产的条件,他的头已经下来了,所以就没有办法不能剖宫产。

其实当时都已经签了剖宫产的同意书，但签完之后他的头就下来了。医生没有办法，当时那个情况已经是非常危险了，主治医生就赶紧又调了两个医生、一队护士过来。当时手术是七八个人在那里，最后是用胎盘牵引术把宝宝吸出来的，所以整个生产过程比较痛苦”。杨梦婷的生育过程可谓是惊心动魄，命悬一线，“生我儿子的时候，我真的就感觉我快要死掉了，发作后那个宫缩的痛真是要命啊。就想要医生快点给我上无痛，但是等那个医生准备给我打无痛的时候，都已经开了 8 指了，无痛也打不了了”。所以整个产程，她都是痛苦难耐的。“因为直接生不下来需要侧切，而且侧切的切口要比顺产的切口大很多(表情痛苦)。后面恢复的时间需要很久，嗯，应该有两年了吧。然后，坐月子的时候我要坐起来给他打奶，他又不会喝奶，伤口不停地被刺激、不停地被刺激，恢复得特别慢，哎！一直到他快 2 岁的时候，我才没有那种异物感。之前的话，就正常坐着，可能就坐个半个小时，切口处都会有异物感。而且这都还是生了半年之后去做了康复，就是那种用红激光去消炎、涂药这种，让炎症消下去，才让切口慢慢恢复过来的”。然而，她不仅承受了生育所带来的剧痛和产后康复过程的艰辛，还不得不忍受与儿子的短暂分离之苦，心中充满了对他无尽的牵挂与担忧。“我儿子出生的时候只有 4 斤 6 两，属于低重儿，而且当时出生的时候还有轻微的肺炎，就住了保温箱。所以也就没有及时吸奶，导致后面都不会吸乳头，我得用吸奶器打出来给他用奶瓶喝。他在保温箱里面就待了 5 天，后来又在医院观察，一共住了 10 天院。”

被访者赵星则得益于法国健全的医疗保障体系和先进的生育政策，在两次生育过程中均享受到了极大的便利。在完善的体制支持下，她并未体验到剧烈的分娩疼痛，整个生育过程也并未遭受过多痛苦。“这边就真的还是蛮好的，我也很放心。因为我当时生老大的时候，法语还不是特别好，所有的手续什么的都是我老公弄的，一切都很顺利，我也是觉得很放心。老大生的时候有 3.8 千克，所以侧切了，但是生的时候打上无痛，我自己也没有什么感觉。”最为关键的是，医护人员都是以她自身的感受为中心，非常尊重她自己的生活习惯和感受，“医生他不会跟你孕妇讲，你不能干什么，主要是会对你老公说你要怎么照顾好孕妈妈。一般产前都会有针对孕妇夫妻两人进行的培训，比如说，会教老公要怎么给孕妇按摩从而缓解肿胀，或者是在分娩期间要怎么做会让孕妇更舒服一些"。

钱园的两个孩子都是回老家的县城医院生的。但是生大女儿的时候没有上无痛，整个生产过程就比较艰难。"当时是在红十字会医院生的，生之前问的说是有无痛，但是等生的时候又说没有无痛，就被骗了。那个宫缩的痛，啧啧啧，真的是只有体会过的女人才知道，太疼了。"当钱园诞下小女儿之际，恰逢其大女儿染上了手足口病，为了避免疾病传播给新生儿，他们不得不做出临时分居的决定，于是大女儿搬到了奶奶家住。其丈夫虽然争取到了一周宝贵的陪产假期，但因大女儿患病，所有假期时间都被用于照料生病的大女儿。幸运的是，在生产小女儿的过程中，得益于无痛分娩技术的应用以及自身积累的分娩经验，钱园懂得如何正确调整呼吸与用力，小女儿得以顺利娩出。尽管新生儿体重未达到六斤，但钱园在分娩时仍需接受侧切手术以协助生产。分娩后，由于侧切伤口剧痛，钱园的日常活动受到限制。在住院的前几天，钱园的母亲一直陪伴在旁，照顾这对母女，尽心地帮助她们度过了这段既艰难又充满喜悦的重要时期。"我小女儿刚出生的时候，那会儿是 11 月，天气已经挺冷了。但是她出生的那天气温却有点高，在医院里住院观察的时候，我们给她穿太多了，穿了厚厚的棉服，又盖了厚厚的被子，结果晚上她不舒服就一直闹腾，我刚开始还以为她是肚子饿了，那会儿奶水也还吸不出来。所以我就忍着剧痛起来弓着腰冲奶粉，那会儿真的是感觉疼得要死了。我妈妈虽然在医院陪着我，但是我生完住院的那几天她头晕症刚好发作了，晚上起不来床。我那会儿整个晚上起来十几次，真的是要命啊。后来才知道我女儿她是太热了哭闹，不是因为饿，她身上起了一身的热痱子。而且出院后我那个侧切的伤口虽然是用那种会和皮肤融合的线缝的，但是估计是没缝好，还是咋回事，缝合伤口的线竟然打了一个结，一直扎着我的肉。呜呜呜，感觉比生孩子还要疼，现在想想都还是感觉头皮发麻，想流眼泪。而且这种疼痛持续了一个多月，后来实在受不了去医院拆了缝合线，好得快了一点。生大女儿的时候不知道能拆线，疼得要死。”

钱园生完小女儿后原本是很想在工作的地方坐月子，但是正值大女儿 2 岁多非常调皮，完全无法理解妈妈坐月子是什么意思，在家到处乱跑乱跳。她怕会影响到小女儿，不得不回到娘家坐月子，大女儿则由婆婆照看。因为老家的房子每个月也有 3000 多元的房贷，加上一家老小的开销，其丈夫不得不继续回去上班。钱园的妈妈因要在小学门口经营一家早餐杂货店，也只能帮她做点吃的，洗洗衣服之类的家务，其他的事情都得靠钱园自己。“可能是带过老大有经验了，带老二的时候就轻松多了。就我自己一个人在带她，习惯养成也比较好，吃喝拉撒都有一个固定的时间。”但是生完两次孩子后，钱园感觉自己的身体机能大不如前，经常会觉得腰痛。而且怀孕后期也都有发胖，“我本来就属于易胖体质，怀孕的时候虽然也没有吃什么大鱼大肉的，但是中后期老是会感觉肚子饿，就会想要吃零食，一会儿吃个这个，一会儿又吃个那个，很容易就变胖了。我女儿生下来的时候她们都不胖，但是我自己胖了几十斤，后来坚持了很久不吃碳水才把体重慢慢地减下来。”

生育的痛苦，那种撕心裂肺的感觉，只有那些亲身经历过的母亲们才能深刻体会。正如育婴博主“欣欣”在讲述自己的生育经历时，言语间流露出的不仅仅是痛苦，还有那份坚忍与勇敢。她描述了分娩时的紧张气氛、汗水浸湿的额头、每一次宫缩带来的剧痛，以及那种几乎让人无法承受的疲惫感。她的分享，让每一个听到的人都能感受到一位母亲在生育过程中的坚强与不易。“生孩子的痛楚即使过去 3 年了，至今回忆起来仍让我心有余悸。从初期的下腹部阵阵胀痛伴随频繁的尿意，到宫颈逐渐扩张引发的愈发密集且强度递增的宫缩阵痛，疼痛逐级攀升，令人几近崩溃。尽管有多位专业的助产士和家人的贴心按摩协助缓解疼痛，但那种撕裂般的剧痛仍然如同置身地狱般折磨人心，真可谓痛彻心扉，痛不欲生。我那会儿在五小时内完成了十指全开的进程，从医学角度讲，这已经属于产程较快的情形。然而，在当时的痛苦感受中，那五个小时就如同一个世纪般漫长，每一瞬、每一刻都仿佛是无法言喻的煎熬。由于宫缩疼痛达到了极致,以至于后来进行侧切缝合时,竟像已经麻木,感知不到什么的痛楚。"虽然每位女性在分娩过程中体验到的痛苦程度各不相同,但几乎所有人都难以抵挡宫缩带来的剧痛。更有甚者,有的女性还要经历人工破膜、手动剥离胎盘等可能会导致疼痛急剧加剧的操作。有博主形象地将其描述为"感觉像是五马分尸","疼了一天一夜,一分钟都没睡,疼得我想撞墙"。

尽管男性无法亲身体验女性在生育过程中的艰辛,但访谈中的数位男性受访者均表达了他们对妻子生育经历的深刻铭记与难以忘怀的情感共鸣。杨梦婷的丈夫在回忆妻子生孩子的过程中表示:"那个时候我是陪着一起进产房的,因为她的情况比较复杂,但是我是什么忙也帮不上。后面情况危急,有好多医生和护士都过来了,我就被赶出来了。我在外面等着,真的是焦急难耐啊。真的,第一次见那种场面,整个脑子都是蒙的。"钱园的丈夫则说道:"虽然我不会生孩子,但是那时候也真是紧张啊,出了一身汗,手都是颤抖的。"

生育是女性生命中一个非常重要的时刻,每位妈妈的体验都是独特而珍贵的。

以上这些故事都体现了生育疼痛的普遍性和严重性。这种疼痛是母亲为了新生命所做出的巨大牺牲的体现,也是母性力量的一种象征。无论哪个国家,都应该为产妇提供尽可能舒适的生育环境和必要的医疗支持,让每一位母亲都能有尊严并安全地度过这一重要时刻。

(二)剧痛后的剖宫产体验

1. 顺利的剖宫产

郭婷的孕期体验要顺利得多。而且,郭婷在孕晚期的三个月每天都坚持运动,散步5公里,直到孩子出生的那天。"那天我洗完澡就突然感觉很奇怪,像尿尿一样,想着应该是羊水破了,但是肚子不痛,就准备再等等看。结果到了晚上10点多还是感觉不对劲,我老公就已经开始收拾东西了。之前我朋友帮我弄了一个待产包,然后我们拎着东西就去医院了。

医生给我检查，一指都没有开，而且肚子也不痛，医生就要我住院观察，等肚子痛，也就是宫缩吧。然后我就躺在那边就不动了，第二天早上医生来检查了之后就给出结论，要剖宫产，因为一直不宫缩，也一直不开指，但是羊水破了医生怕胎儿缺氧。因为胎儿大，医生说即使顺产也很难，然后就安排到下午 2 点钟就剖出来了。我老公也都听医生安排。”郭婷因为是剖宫产，没有经历顺产的疼痛与艰难，手术后大概三天肠胃功能就恢复了，然后大概住院一周就出院了。出院后“坐月子”也比较顺利，身体并没有出现什么不适。因为有母亲的照料，恢复得比较好。“我妈不让我碰冷水，她让我吃啥我就吃啥，没有什么特别注意的东西，也没怎么躺着，有适当的活动。”只是，产后由于奶水太多经常会堵奶。“一结块就开始发高烧，防不胜防。乳腺炎发生的频率很高，一个月两次。那个乳腺炎痛起来真的难以形容，剧痛无比啊，和宫缩的那种痛也差不多了。我刚开始的时候，得了乳腺炎就忍着，到后来忍不住了就让医生开退烧药，好在也不会影响小朋友吃奶，差不多一两天就好了。再后来慢慢就有经验了，知道只要喝退烧药退了烧就好了，胸部的硬块就只能靠小孩子去吸才会好，反正挤是挤不掉的。”郭婷所遭受的乳腺炎引发的疼痛，这种痛苦体验或许唯有有过同样经历的人才能真正理解和共鸣。

2. 揪心的剖宫产

张玲玉在怀孕前主要从事兼职工作，这种灵活的工作安排让她能够根据自己的时间来安排工作日程。然而，自从出现孕吐反应后，张玲玉便开始休息，直到孩子满 1 岁才重新开始工作。她的孕吐反应相当严重，并且一直持续到怀孕的第五六个月。在张玲玉怀孕 3 个月后，由于她的丈夫需要频繁出差，她开始独自生活，整个孕期都是她一个人在照顾自己。每一次产检也都是她独自前往。

张玲玉生孩子的时候，正逢新冠疫情在全球大流行。由于疫情限制，国内的亲人无法前往日本提供帮助，而在日本的好友也因为居家办公而很少外出。尽管她的孕期一切顺利，医院的各项检查结果都显示正常。但是，她的生产过程却异常艰辛。“我生的时候预产期过了，他没有自己发动，我就打了催产素了。我是周一早上 9 点开始打，一直打到下午 5 点，肚子稍微有一点点疼，后来慢慢地就越来越疼，直到第二天早上 5 点才开了 3 指，9 点的时候可能开到了 7 指，但是后面开指就变慢了，直到第三天的凌晨 3 点才开始生。然后助产士就要我深呼吸，我深呼吸了两个小时，但是宫缩的力度不够，到后来就没有力气了，怎么样都生不下来。后来医生来给我内检，看我的情况说孩子太大怕会窒息，要我剖宫产。我那时候就赶紧说快点剖吧，我都快要疯了。然后就剖了，我儿子生下来有 8 斤重。日本妈妈生的孩子大多都是 5 斤多，人家基本是顺产的。”张玲玉的分娩计划从顺产变为剖宫产，这不仅使她遭受了比一般产妇更为剧烈的生理痛苦，而且由于新冠疫情的限制，她在分娩和产后恢复期间不得不独自应对各种挑战。这种特殊情况无疑大大加剧了她的分娩之苦。“医院说我老公外出过，怕在这个过程中有接触到什么人，所以不能让他进医院陪护。我老公是星期六下午回来的，我星期六上午就去住院了，因为怕交叉感染就故意错开了。”并且，张玲玉的丈夫仅享有两周的陪产假期，然而由于张玲玉剖宫产后需要住院超过一周时间，丈夫在最初的产假期间未能陪伴在旁，直到第二次休假时，丈夫才得以与张玲玉相聚，共同度过产后恢复期的部分时光。

同样身为两个孩子的母亲，小红书用户“桃桃”也曾亲身经历过刻骨铭心的剖宫产历程。“一开始呢，根据我生头胎顺产的经历，还有医生、亲戚、朋友的说法，大家都觉得生二胎应该也会顺顺利利的，毕竟听说一般二胎生得更快更容易些。但是没想到的是，在怀孕 39 周又 3 天去做产检的时候，查出宝宝的脐带血流指数有点高，这就意味着可能存在缺氧的风险。于是，医生立马让我住院观察，巧了，同一个病房里的另外三个准妈妈也是类似的情况。在医院住了一周，每天都做吸氧治疗，结果复查以后，脐带血流指数还是偏高，羊水也多了不少，关键是这时候宝宝一点要出生的意思都没有，都已经过了预产期。那时候我心里真有点慌了，赶紧找医生问咋办。

医生给我出了两个方案：第一个是先试着催产，不行的话再转剖宫产；第二个就是直接进行剖宫产手术。考虑到我和宝宝的安全，我听从了医生的意见，跟家里人商量了一下，最后决定直接剖宫产。决定剖宫产后，我赶紧联系了之前做过剖宫产的姐姐，问了她整个手术流程，同时也在网上看了些博主分享的亲身经验，希望能借此缓解一下紧张的心情，让自己心里有个底儿。到了手术那天，剖宫产手术进行得快而有序，大概一小时就搞定了。麻醉医生让我蜷起来像个大虾那样好打麻醉，脊柱麻醉的时候稍微有点酸胀，还好没啥太大的不舒服。麻醉一上来，下半身就麻木了，医生就开始动手术了。虽然没有疼痛感，但我能察觉到刀子划开肚子，还有取宝宝出来时那种挤压和拉扯的感觉，虽然有点难受，但还在能忍耐的范围里。等宝宝哇哇一哭，我心里的石头才算落了地。

接下来清理子宫和缝合伤口的过程也很快结束了，当我被推出来的时候，看到家人们已经在外面急得团团转了。一看我平安无事，大家伙都松了口气。刚做完手术那阵儿，多亏了麻药劲儿大，再加上镇痛泵，基本没感觉到疼。但是麻药劲儿一过，虽然刀口疼得不算特别厉害，但医生帮我按压肚子排恶露的时候，真是疼得我够呛，每半小时就得来这么一回，弄得我后来都有点怕见护士了。记得有一回护士连着按了好几次，我抓着老公的手，眼泪汪汪地求她停一会儿。熬过那一晚的按压，接下来又碰上了缩宫素引发的宫缩痛，那感觉跟顺产时的宫缩一样痛，甚至喂奶都会引起宫缩痛，一整晚我都在疼痛中煎熬，身上还插着氧气管、血压血氧监测器，翻个身都不方便，更别提睡觉了。病房空调设的冷气 21 度，但我疼得满头大汗，觉得热得不行。幸好第二天拔了氧气管和血压仪之后，我总算能稍微动动上半身，开始喝点稀粥，身体慢慢好了点。但是起床下地对我来说那也是巨大挑战，第一次试的时候疼得我都晕过去了，不过通过不断尝试，我学会了用收腹带撑着伤口，慢慢地能走了，虽然走得跟老太太似的，但每次能走几步都是进步。前三天真的是硬扛过来的，好在从第四天开始，我的身体状态有了明显好转，脸色也红润起来了。不过，伤口完全愈合和盆底肌、腹直肌的修复还需要几个月的时间。虽然我这次剖宫产总体算顺利，但这个过程中确实经历了很多痛苦。”由此推想，那些遭遇紧急状况或特殊情况的产妇,她们的剖宫产经历可能会更加艰辛。

虽然生孩子只有女性才能亲身经历,但是在生产过程中全程陪护的孩子的父亲也同样印象深刻,"桃桃"的丈夫坦言:"大夫说要剖宫产,然后让我签署一些协议的时候,我那会儿心情真的是很紧张啊。医生说得很严重,然后那个协议上写的都是什么后果自行承担之类的,我看了都有点不敢签,手都是抖的。虽然也相信手术肯定会没有问题,但在手术室外等待的过程还是蛮煎熬的,直到护士出来说母子平安,心情才放松下来。我老婆真是太伟大了,她辛苦了。"

生产对许多女性来说是一个充满不确定性和身心挑战的旅程。它涉及个体体质、生活习惯、医疗条件、社会支持、经济实力等多个因素,然而,每位女性在这一过程中所体验到的苦楚与欢愉都独一无二,体现了生育道路上的个体差异和复杂性。这些经历也反映了现代社会中,女性在追求母职身份时所面对的现实困境与顽强抗争。这些体验强调了孕期管理、支持系统、医疗条件以及产妇个体差异对剖宫产体验的重要性。

第二节　0—3 岁婴幼儿的日常照护体验

如果说生育体验是开启子女养育之旅的序章,那么接踵而至的日常照护才是真正拉开了育儿大戏的主旋律。婴幼儿的日常照护是一个全方位且精密细致的过程,涉及众多关键领域的无间配合才能全方位保障婴幼儿在生理发育、心智发展和社会适应能力等多个维度上的均衡成长。本章节将 0—3 岁婴幼儿的日常生活照护划分为两大部分。一是关乎身体发育的照护,分为科学喂养保发育——哺乳照护体验、舒适洁净促健康——排泄照护体验、安心好眠助成长——睡眠照护体验、细心守护每一刻——安全照护体验、专业关爱全方位——医疗健康照护体验五个方面的内容;二是关于认知启蒙与发育的照护,此部分不仅延伸至胎儿时期的教育启蒙,更包括出生后至关重要的早期教育实践。促进婴幼儿的认知能力与情感智慧的发展,分为孕期教育,心音相通——胎教体验和启蒙引导，寓教于乐——早教体验两个方面的内容。

一、身体发育的照护——科学养护助成长

（一）科学喂养保发育——哺乳照护体验

1. 母乳喂养好处多

喂养方式有母乳喂养、人工喂养和混合喂养三种方式。其中母乳喂养指的是用母亲的乳汁喂养，被认为是新生儿喂养的最佳、最健康的方式。根据世界卫生组织和联合国儿童基金会提出的指导原则，婴儿在6个月之内应首选纯母乳喂养。以增强婴儿的抵抗力，并做到“早接触、早吮吸、早开奶”。母乳是婴儿早期成长所需营养的完美来源，不仅含有生命初期所需的全部营养素，还能提供免疫保护，减少婴儿对过敏和代谢疾病的易感性，对婴儿的健康发展至关重要。同时，母乳喂养还能加深母子间的情感联系，促进产后子宫的恢复和母亲体型的恢复，降低母亲患乳腺癌、卵巢癌、子宫癌、糖尿病和高血压等疾病的风险，对母亲的身体健康有益。母乳喂养的经济效益和社会效益也不容忽视。母乳天然、方便，无需额外费用，有助于节省家庭开支和社会资源。人工喂养则是在母亲身体条件不允许母乳喂养的情况下，使用牛、羊等动物乳制成的婴儿配方奶粉或其他代乳品。混合喂养则是在母乳不足或母亲需要工作等情况下，结合母乳和人工奶品的一种喂养方式。混合喂养包括补授法和代授法，补授法是在母乳不足时，在喂母乳后补充配方奶；代授法是在母乳充足但特定情况下（如婴儿早产或母亲疾病）暂时使用配方奶。尽管纯母乳喂养是理想的选择，但人工喂养和混合喂养也有其必要性。婴幼儿的喂养是一项挑战，需要父母投入耐心和细心。因此，无论采用哪种喂养方式，都应该得到支持和理解。

作为母亲总想要给孩子最好的：受访者杨梦婷的生产过程并不顺利，儿子刚出生时属于低重儿，身体体质较弱。因此，她对儿子的身体健康非常重视，怀孕时就打算要给孩子纯母乳喂养。但是由于产后没有及时开

奶,奶量很少,她儿子吸不出来就不怎么愿意吸奶,为此她只能进行母乳瓶喂,即使是在坐月子期间,也强忍着侧切伤口的疼痛,用吸奶器吸取母乳来给儿子喂养。母乳喂养期间,她还有过母乳不通的情况,不得不专门花高价请专业的催乳师给她进行按摩催乳。“因为他当时生出来那么小,我就比较注意,所以我坚持喂母乳喂到了1.5岁。其实后面也没什么奶了,他就是依恋或者说是习惯吧,睡觉的时候一喝他就睡着了,从小就是奶睡的,而且夜里也要喝奶,直到他1.5岁,尤其是在产假结束后一年的时间里,晚上睡不好,白天还得上班,现在回想起来也是蛮辛苦的。”母乳喂养虽伴随着辛劳付出,但每当目睹孩子在母乳滋养下茁壮成长,那受过的苦似乎也就有了价值。

而受访者郭婷就比较幸运,她的奶水比较充足,宝宝生长发育得特别好。“小宝宝都喝不完,所以她小时候胖得不行,一直到六七个月还很胖,跟莲藕一样(笑),一节一节的。”

受访者张玲玉介绍,虽然产后的母婴护理都会有医院专业人员协助,但是最开始的母乳喂养过程也是充满艰辛:“日本的新生儿一般都是2000克到3000克,绝大部分都是2000多克,然而我儿子直接是4000克。然后日本的医院会要我们在喂奶前和喂奶后都称一下孩子的体重,这样就知道孩子每次喝多少奶了,每次都需要登记那个数字。因为那会儿只有我一个人在医院,所以每次抱他起来称体重我都感觉要累死了。”

2. 喂养方式选择多

喂养方式应该根据自身的情况进行选择,并把选择权交给母亲。受访者赵星喂养大儿子直至22个月,小女儿则喂到了2.5岁,比国内大部分母亲的母乳喂养时间都要长,“法国这边会鼓励你母乳喂养,除了妈妈自己其他人都没有权利说什么。当时我老公的爸爸就直接说是否喂母乳是由妈妈来决定的,想什么时候断奶就什么时候断奶,跟其他人没有任何关系,想喂多久就可以喂多久”。如果得不到足够的理解和尊重,将会令妈妈十分苦恼,正如新手妈妈娜娜说的:“产后才20天,我坚持亲喂,但有时候小家伙吃不完,奶水就噌噌涨得快,弄得我胸硬得跟两块石头似的,碰都不能碰，一碰就疼得要命。到了晚上，本想趁娃儿睡着能好好歇口气，结果不仅得定时起来喂奶，还得抽空用吸奶器把另一边的奶吸出来，否则胀得我根本没法入睡。洗澡也成了件奢侈的事儿，超过三分钟都不敢多待，奶水就像水龙头没关紧似的滴滴答答往下淌，感觉自己都没有洗干净似的。我已经跟老公谈过好几回，真不想再继续母乳喂养了，可他每次一听这话，就跟我讲什么'你现在是当妈的人了，得对宝宝负责任'。他哪知道，怀胎十月的辛苦，宫缩疼了整整 15 个小时，生完后还要忍着撕裂的疼缝线一小时，产后第三天又补缝了四针的那个人是我！生痔疮、便秘得难受得坐立不安的也是我！原本以为生完孩子能稍微轻松点，至少能踏踏实实睡个好觉，结果这亲喂母乳又让我陷入新一轮的崩溃。娃吃一侧，另一侧就必须得吸出来，不然胀痛得根本睡不着。早上醒来，衣服、床单湿了一大片，狼狈不堪。老公口口声声说爱我，可在我痛苦不堪的情况下，他居然说出'不母乳就不配当妈妈'这样的话，我真是要被逼得产后抑郁了！"

在母乳喂养的过程中，丈夫的参与和支持对母亲来说至关重要。父婴博主"昊昊爸"在这方面做得非常出色，特别是在帮助妻子应对母乳喂养中的困难时。由于妻子乳头较短，哺乳对她来说非常困难，每次喂奶都让她感到极度疼痛，甚至导致乳头流血。这种情况使得妻子感到焦虑、纠结、痛苦和自责。作为丈夫，他坚定地支持并维护了妻子在喂养方式上的选择权。他不仅给予妻子心理上的支持，帮助她减轻痛苦，还积极参与到母乳喂养中，确保她能够顺利度过这一艰难时期。昊昊爸的做法充分体现了他对妻子和孩子的关爱，以及他在家庭中的责任感和支持作用。"①得跟父母交代一下，别在她面前提母乳的事儿，她刚生完小孩，对这方面挺敏感的，他们可能不懂，所以得先严格点，让他们慢慢适应。②老婆有母乳的时候，她就自己吸出来装进奶瓶，我得负责清洗奶瓶和吸奶器，保证随时都能用上。③我得好好开导她，她总是觉得自己不喂母乳就不是好妈妈，但其实喂奶粉也挺好的。④我得负责半夜起来喂宝宝奶粉，这样宝宝能睡得久一点，也能让我老婆好好休息。"

母乳喂养虽然有许多优点，但也存在一些挑战，比如可能会影响母亲的睡眠质量和容易造成乳腺堵塞。张玲玉在成功给孩子断奶后，感到前所未有的轻松。在断奶之前，她需要频繁地半夜起来喂奶，这不仅让她的睡眠变得支离破碎，也影响了孩子的睡眠质量，这对孩子的成长发育不利。

即便是人工喂养，作为婴儿主要照护者的母亲也会非常辛苦。钱园的大女儿因为出生时没有及时吸吮母乳，直接喂了奶粉，导致后来孩子不太愿意吸母乳，这也使得钱园的母乳量一直不多，最终在宝宝三个月大时自然离乳。"那会儿也是刚生完，新工作也才开始没多久，白天上班晚上还要喂奶实在是扛不住，所以就让我婆婆晚上也带着我女儿睡，晚上就直接给她喝奶粉了。我婆婆那会儿其实真的很辛苦，她年纪也大了，白天我们出去上班了也是她看着，晚上也睡不了整觉，老是要起夜。而且那时候我们住的条件也不如现在，那时候我们是和表弟合租一套房子，只有两个房间，我婆婆是睡在客厅的，就一张1.2米的小床，再搭一个沙发，她带着我女儿睡。"

而受访者李林峰的儿子从出生开始就基本是混合喂养的。"可能因为是早产，孩子刚出生的时候不大会喝母乳，所以前两三个月把母乳挤出来用奶瓶给他喝，不够的话就喝一点奶粉，慢慢地需求量大了，就奶粉会多喝一点，现在的话基本就都喝奶粉了。"随着月龄的增长，李林峰的儿子也开始食用辅食了，"刚开始的时候都是自己做的，最近这一个月开始也会买一些，主要还是自己做吧，虽然买超市的方便很多，我老婆不用上班就全职照顾孩子，她就会给孩子做这些，周末的时候的我也会给她帮帮忙。"

3. 吐奶、厌奶状况多

新生宝宝由于其肠胃系统尚处于发育初期，胃容量有限且蠕动功能较弱，易受胃食管反流的影响，出现我们通常所说的"吐奶"现象。这一情况在不同宝宝身上表现各异，有的宝宝在哺乳后仅会有微量奶液从嘴角溢出，而有的宝宝则可能出现较剧烈的呕吐反应，甚至有喷射状吐奶的情况发生。面对此类状况，初为人母的小吴妈妈陷入了紧张与困惑之中。“前些天晚上，我刚给孩子喂完奶，他就在那哼哼唧唧个不停，我当时猜可能是肠胀气闹的，就把他抱起来搁我肚子上安抚。结果没过多久，孩子突然就大口大口地吐奶，吐得我一身都是，吓得我眼泪都出来了，头一回见他吐奶吐得这么厉害。结果今天凌晨又是这样，因为我是母乳喂养，孩子习惯了吃着奶就睡着了。今晚也不例外，他吃完奶后，我就把他放在定型枕上让他平躺着。我这边刚准备关灯睡觉，他就‘哇’一下喷奶，那架势，就跟水龙头突然打开似的，鼻孔、嘴巴全都是奶，还好我当时没睡着，不然可就危险了。侧躺着吐奶我还稍微能接受，就怕他平躺着突然来这么一下，对于我这种新手妈妈来说，真是太吓人了。下次我一定得记住这两次的教训，千万不能再大意了。”

在婴儿 3—6 个月大时，他们可能会经历一个被称为“厌奶期”的阶段，这个阶段有时会持续至婴儿 7—10 个月。厌奶期是婴儿成长过程中的正常现象，不论是母乳喂养、配方奶喂养还是混合喂养的婴儿都可能出现。在这一阶段，婴儿原本的好胃口和活动能力似乎不受影响，但他们可能会突然对吃奶失去兴趣，或者在吃奶时难以集中注意力，容易被周围的事物吸引。他们也可能会发出叽叽咕咕的声音，但通常过一段时间就会恢复正常。这种情况在医学上被称为“生理性厌食期”。

尽管生理性厌食期是正常的生理现象，但对于没有育儿经验的父母来说，首次遇到这种情况时，他们可能会感到焦虑。这是因为在育儿过程中，父母总是希望孩子能够健康成长，任何与正常模式不符的迹象都可能引起他们的担忧。正如“豆豆”妈妈所言，“前阵子，我家小豆豆突然变得对吃奶不太热心了。一开始，他吃两口就抬起头来看看我，或者一听到旁边有动静，就马上转头去看。后来，情况越来越严重，他直接开始抗拒吃奶。我亲喂的时候，他手脚乱动，脑袋使劲扭开，完全不吃的样子。换成瓶喂，场面就像打仗一样，他身体绷得紧紧的，小手一推，又是哭又是闹，坚决不吃。醒着的时候，他根本就不愿意张嘴，只有在迷迷糊糊要睡着的时候，才能勉强喂进去一点。当时我真是急得不得了，就怕宝宝饿着了。

于是，我使出了各种招数，哄着他吃，抱着他走来走去喂，把自己累得够呛，可宝宝就是倔强得一口也不肯吃。结果呢，宝宝哭闹得更厉害了，我也越来越焦虑，真是愁死了”。即便知道孩子是处于厌奶期，遇到重度厌奶的情况，父母们也还是会手足无措，“葡萄妈妈”就经历过：“从省儿保到婴幼儿医院再到市妇保，从营养科到消化科再到生长发育科，换奶粉、换奶嘴、换奶瓶，加蛋白酶、加乳糖酶、加益生菌、补锌，从小儿推拿到每天游泳再到每天户外四小时练趴，前前后后抢专家号，做检查，等结果，排复查，做的都焦虑了。”

而随着月龄的增长，断奶对于很多宝宝和家长也是一种考验。受访者郭婷可能是奶水太好了，在“断奶”这件事情上就遇到了难题。“一直是纯母乳喂养，现在孩子已经 20 个月了，但是一直都还没有断奶。可能是因为我之前没有想过到什么时候就不给他喝了，有很多人都在说母乳喂养半年到一年就要断奶了，这样妈妈会有更多的精力去做自己的事情。但是我想的是慢慢地就少喂一点，等奶没有了就可以自然而然地断掉了。我也想过说断了会对她好，但是又不想让我自己很痛苦，之前有过好几次乳腺炎，真的是太痛了，太痛了……因为那个痛肯定是自己先痛。结果我的身体好像有问题，奶水也没有减少。对，就没有少过，所以一直到现在还是有很多人说要强制断，但我始终觉得还是要等奶水变少，少到没有就停止。可能太过理想了，太理想了就做不到。她现在白天和姥姥在家里，可以不喝奶，但是到了晚上就要喝好几次，很多时候也不是饿了，可能就是一种依赖吧。”总的来说，在哺乳期间，总会面临各种意想不到的问题和新的挑战，这就要求父母们时刻保持警觉，以积极的心态和行动妥善应对并解决这些问题。

哺乳照护不仅仅是生物学层面的喂养行为，更是涉及亲子关系建立、家庭支持体系构建、社会文化观念认同以及个体心理健康维护等多元互动的社会现象。母亲在哺乳实践中，需综合考虑自身条件、婴儿需求、家庭支持等因素，做出最适合实际情况的喂养选择，并在喂养过程中得到充分的理解与帮助。

（二）舒适洁净促健康——排泄照护体验

婴幼儿期是孩子身体发育的关键时期，其中，照料孩子的排泄需求是基础且至关重要的。婴幼儿的消化系统还没有完全发育成熟，他们的排便习惯和粪便性质与成人相比会有很大差异。因此，家长在照护过程中需要特别小心，比如要经常更换尿布、留意大便的颜色和气味、做好清洁工作等。只有通过这些细致的日常照料，才能确保孩子的舒适度，预防各种疾病，促进他们的健康成长。

对于小月龄的宝宝，使用尿不湿是最常见的选择，“我儿子他本来是可以完全不用尿不湿的，但是我发现我身边的小孩子晚上还是会垫尿不湿，让他们一觉睡到天亮。因为我儿子有时候是跟着我睡，有的时候跟着我妈妈睡，老一辈习惯去把屎、把尿，我妈晚上就会叫他起来上厕所，我觉得这样对他睡眠不太好。所以我后来就跟他说晚上起来上厕所让大家都很累，要不然就晚上垫个尿不湿，白天就不要垫。然后她就同意了，就晚上用尿不湿，我们大人和小孩的睡眠质量都变好了”（杨梦婷）。祖辈们可能会比较推崇使用尿戒子、尿布等布制品来进行排泄照护，而 80 后、90 后父母基本会使用尿不湿。

即使是日本的小孩子使用尿不湿的时间也比较长，张玲玉的儿子 2 岁 5 个多月的时候，保育园的老师才开始对小朋友进行小便的训练，“早上去学校的时候会给他们穿上小裤衩，不带尿不湿”。随着月龄渐长，排泄训练也可以安排。受访者郭婷的女儿肠胃功能比较好，出生后每天都能按时排泄，“白天她清醒的时候如果需要上小便，她会说一个字，但是她现在还不会说臭臭。最近开始，如果她要拉臭臭了，就自己站在那边，两条腿夹得紧紧的，你看她要拉了，就赶紧给她拿上小马桶，刚开始她还是有点抗拒上小马桶，但是我会强制让她坐上去，边和她说一定要拉到这个桶里。现在好像变得更能接受了，会主动坐上去”。然而，在对待如厕训练这一议题上，法国父母与我国大部分父母所采取的方法和秉持的理念展现出了显著的差异性和多样性。赵星表示：“法国的父母和老师都不会强迫孩子戒掉尿不湿,大多数孩子穿尿不湿要到很晚,有不少孩子是要等到上幼儿园小班前的暑假才会断掉尿不湿,有些都有 3 岁多了,很多小孩子上幼儿园的时候也还是会尿裤子。”

由此可以看出,婴幼儿排泄照护是涉及个体发展阶段、文化习俗、家庭养育方式以及教育资源配置等多个层面的社会化过程。在全球范围内,家长们依据各自的文化观念、育儿经验和孩子的具体情况,采用多样化的手段和方法进行排泄照护,旨在确保孩子的生理舒适、健康发展和家庭生活的和谐有序。

(三)安心好眠助成长——睡眠照护体验

婴幼儿时期的睡眠对婴幼儿身心发展具有深远影响。因此,提供合适的睡眠环境和正确的照护方式对于父母或照护人来说至关重要。婴幼儿的睡眠照护是一个多方面的任务,要求家长关注孩子的个性化需求,并根据实际情况灵活调整策略,以确保他们获得高质量的睡眠。

在婴幼儿的睡眠照护方面,尤其是对月龄为 0—1 岁的小婴儿来说,父母往往需要投入更多精力。例如,李林峰夫妇的儿子频繁夜醒,迫使他们轮流起床照顾,这对年轻夫妇来说是一种挑战。“睡觉方面就还是比较头痛了,因为他不能睡一整个晚上,基本上每隔一两个小时就会醒一次。平常的话就一个小时醒一次,可能这两天稍微好一些,他能睡上两三个小时,然后就醒了,有时候还要起来。他起来并不是说要喝奶,而是起来活动一下,就希望你抱抱他,你拍一拍他,过一会儿他就睡着了。不过现在比之前已经要好很多了,现在不用特别给他唱安眠曲什么的,就把他抱起来安慰安慰,还是能比较快地再次入睡的。但是更小一点的时候,他一旦起来之后,你不哄个半小时他根本没法入睡。”在日常时间安排上,李林峰主要承担起晚饭后至夜间 12 点之前的育儿责任,鉴于他白天仍需投身工作,而此时他的妻子正处于产假阶段,通常情况下,当孩子在夜晚醒来时,妻子会更多地承担起照料职责。“好在因为疫情经常会居家办公,我最近基本是在家工作的,所以晚上即使睡得晚一点也比之前要好一些,因为没有通勤的时间了，相对来说白天的时候还能够再多睡一些，补充一下睡眠，恢复一些精力，不然是真的搞不定啊。”

随着月龄渐长，婴幼儿们会逐渐养成较为规律的睡眠习惯。郭婷的宝宝在胎儿期过后，通常会在晚间 8—9 点进入晚间睡眠状态，清晨约 7 点钟醒来，而在白天则会有两至三个小时的午睡时间。这样的作息安排有利于宝宝的健康成长，确保了充足的夜间休息和必要的日间小憩。“晚上睡觉的时间一到她就要睡觉了，她自己会拿个小枕头去睡。但是她不会一觉睡到天亮，有时候是醒了然后就看看这，看看那，翻个身什么的。有些时候是因为要尿尿，很多时候是奶瘾犯了，如果不给她喝，她就不睡，就闹。以前的话一般都给她奶头要她吸，然后她又能睡个 2 个多小时，给她弄睡着了我再睡，这就导致我每天的睡眠都是不完整的，每天都睡眠不足啊。”

当然，在早期就培养出良好的睡眠习惯也是至关重要的。赵星实践了一套科学的育儿方法，成功地让两个孩子在婴儿阶段就养成了“睡整觉”的好习惯，无需在半夜起身喝奶，从而保证了孩子们拥有高质量的夜间睡眠。“我的两个孩子都是从一出生就和大人分开睡，在医院的时候就单独睡，包括出院后也是给准备好了婴儿小床的。我当时在医院生产的时候，公公婆婆就在家里面全部都准备好了，回来之后宝宝们就睡在他们自己的房间、自己的床上。但是我们也有给他安装那种监控，可以看到视频，如果他晚上哭了或者是饿了就起来去喂个奶就好了，喝完再放回去，这样我自己睡得也很好，孩子也睡得好。”新生儿从一出生开始就独立一人睡在自己房间的做法，在我国大多数家庭看来都实属罕见，往往令人惊讶不已。毕竟，新生儿频繁的夜间觉醒以及夜间的哺乳需求，对新手父母，特别是对那些正在进行母乳喂养的母亲来说，无疑是巨大的挑战。长时间的睡眠不足不仅阻碍新生儿母亲产后身体的康复进程，还会导致诸如焦虑、抑郁等负面情绪，甚至诱发一系列心理问题。然而，赵星在断夜奶这一环节所采用的有效策略，大幅度减轻了婴儿期的抚育压力。尽管起初她对此持保留态度，但在丈夫的坚定支持下，她成功地使自家孩子平稳地完成了断夜奶的过程。“我刚开始也是很想图方便，我觉得孩子睡在我旁边这样我喂起来也方便。但是我老公就说要喂夜奶的时候他去把小孩抱过来，喂完奶再送回去，大人和小孩不要一起睡，不然对我的睡眠不好，对小孩的睡眠更不好，反正他很坚持。我就尝试着这样做，然后就真的没有什么问题，我睡得特别香，小孩也很快就不需要喝夜奶了，因为他自己单独睡，他就睡得特别好。我家老大才 3 个月就不喝夜奶了，老二也是差不多月龄断的夜奶。我记得当时就很担心要是他晚上饿了怎么办？然后我老公就说了非常经典的话，他说你半夜睡着的时候要不要我把你喊起来让你吃顿饭？你睡着了会需要吃饭吗？他就要我不要担心小孩晚上会饿什么的，他自己睡好更重要。然后我觉得这还是蛮有道理的，所以就把这个习惯坚持了下来，也就很顺利地断了夜奶”。

从以上访谈中可以发现，在法国的育儿观念中，高度重视母亲自身的身心健康和生活质量，认为只有当母亲先照顾好自己，让自己保持良好的精神状态，拥有个人空间，才能更好地履行育儿职责，给予孩子高质量的关爱和教育。这一理念体现在法国妈妈在育儿过程中不会忽视自我价值与个人追求，即使身为母亲，她们也会坚持维护自身的生活品质，平衡家庭角色与个人身份之间的关系。通过这种方式，法国妈妈能够在育儿的同时，传递给孩子独立、自主和优雅的生活态度，使得育儿变得更为从容、高效且充满爱意。此外，这种观念也鼓励父亲共同参与育儿工作，共同创造一个和谐的家庭氛围，从而共同促进孩子的全面发展。

在婴幼儿睡眠照护的实践中，家庭间的处理方式各异，育儿理念的碰撞与融合构成了多元复杂的形态。这要求父母们在确保婴幼儿健康发展的同时，也要关注自身的健康需求。因此，积累日常照护经验，找到适合自己的方法策略，是实现这一目标的关键。

(四)细心守护每一刻——安全照护

0—3 岁婴幼儿的安全照护涉及诸多方面，包括居住环境安全、生活用品安全、行为照护安全和情感安全等。婴幼儿的安全照护是一个全面系统的工程，需要家长们细心周到，从生活环境、生活用品到日常行为方方面面都要考虑到婴幼儿可能面临的潜在风险，并提前做好预防措施，确保宝宝能在安全的环境中健康成长。

杨梦婷在日常的照护中可谓是小心备至、尽心呵护，但在儿子成长的过程中，仍有一些磕磕碰碰，其中有一次意外令她至今都耿耿于怀。“我儿子大概在 9 个月的时候，刚好学走路，但是由于我们没有把他抱好，他就撞到门上了，那个时候就整个额头前面都凹进去了，我们立即带他去医院，他在路上哭得很伤心，当时我们感觉他整个人都是发抖的，很痛很痛。但是我们在车上哄他，哄了一会儿之后，他就没有再哭闹了。医生本来说要不就做个 CT 看看，但是这样小的小孩子他也没法配合，最后 CT 也没做，后来就只能观望看看会不会呕吐，排除有没有出现脑震荡，好在后面他也没有呕吐，没有办法就只能处理一下伤口就回家了。我当时其实是特别伤心的，这件事情导致后来他这个骨头就变形了。现在也能看到他额头这里是有一根骨头是凹进去的。当时我们其实有三个人在他旁边，但是因为我跟我老公是背对着他的没看到，而我妈妈转过去的时候没有来得及把他抱住，他就撞上去了，这件事情让我一直都耿耿于怀，我觉得如果他以后长大了要是觉得他自己这里不美观，会不会怪我没有照顾好他？作为妈妈确实是非常愧疚的，我真的就会很在意这件事情，我每次看到他额头这个样子就会难过。我经常会和我妈或者跟我老公说，这么明显这以后可咋办？不知道以后长大一点，会不会好一点？”杨梦婷的丈夫宋先生也对此深表难过，“真的是很意外，平常带他都是很小心翼翼的，这次就这么凑巧，三个大人都没有给看护好，导致了这个严重事情的发生。他疼得哭的时候我的心都感觉像麻绳一样，全都拧紧了，特别难受”。

在婴幼儿的日常照护中，出于对婴幼儿安全的高度重视，全家集体出行往往是携带小宝宝外出时的首选，旨在确保在每一个环节小宝宝都有足够的照看与呵护，降低可能存在的安全隐患。一方面，多人陪同可以分散照护压力，确保时刻有人留意宝宝的需求和安全；另一方面，集体出行也能在紧急情况下迅速作出反应，保障宝宝免受意外伤害。因此，无论是在日常生活还是长途旅行中，为了小宝宝的安全着想，家长们往往会选择全家人一同行动，共同为宝宝打造一个安全、温馨且充满关爱的成长环境。“我们要是出门一般都是全家一起出动的，一方面是怕会磕着、碰着啊，大人一起看着才放心。还有一个就是如果去游乐场什么的地方玩，也怕会走丢了。”（钱园）

相比之下，在海外生活的父母群体中，情况却有所不同。不同于国内常有祖父母等长辈协助育儿，海外父母们大多缺乏这种来自家族的支持，经常是母亲独立承担起抚养和照顾孩子的重任。这意味着她们不仅要承担起全部的育儿工作，还需要在缺少传统家庭网络支持的情况下，自行应对各种挑战，如接送孩子上下学、安排日常饮食、应对突发的健康问题以及确保孩子的安全成长等。但受益于育儿友好的环境，定居海外的父母在对婴幼儿进行安全照护时，并没有比国内家长们面临更大的身心压力与挑战。“日本这边治安环境比较好，倒是不用太担心会走丢，被人拐走这样的问题。不过毕竟孩子小，也还是要好好看护着，会怕他摔跤什么的。”（张玲玉）

婴幼儿安全照护不仅关乎具体的物理防护措施，更包括家庭成员的情感连接、心理调适以及跨文化背景下的育儿实践。

（五）专业关爱全方位——医疗健康照护

婴幼儿的医疗健康照护涵盖了从出生到三岁这个关键发育阶段的一系列保健、预防、诊疗与康复措施，包括常规体检与疫苗接种、疾病预防、应急处理与急救技能和专科诊疗等方面，婴幼儿的医疗健康照护不仅是保障其身体健康的基础，更是为其未来全面成长打下坚实根基的重要环节，需要家长、医护人员和社会各方共同努力与配合。

在育儿过程中，最令家长们忧心忡忡的事情莫过于孩子的健康问题。杨梦婷在这方面深有体会，她始终坚持母乳喂养，得益于母乳富含的天然抗体和营养成分，她儿子的抵抗力较强，生病的次数很少。即便如此，每当孩子偶有病痛之时，哪怕仅仅是几次，对她来说仍是历经艰辛，内心的担忧和煎熬难以言喻。这充分体现了作为母亲对孩子健康的极度关注和无私付出,同时也强调了在育儿过程中,健康管理和疾病预防的重要性。“他之前暑假的时候去了游泳池玩,可能是着凉了还是怎么了,就生了一个星期的病。后面那段时间就老是反复,弄了很久,瘦了两三斤,真是看着就心疼啊,哎。”尤其是小月龄的婴儿生病,更是让父母既担心、又自责,“婴儿肺炎,宝宝 4 个月,2 次感染。从没想到肺炎竟然真的会复发,整整 1 个月了,孩子一直不好,刚开始是一天咳 2 次,我以为只是呛奶没有注意,后来越来越严重,不想让孩子输液打针,吃药雾化 10 天,最后没有好。又去医院输液,输了 5 天好转了,痰也少了。出院以后第二天孩子又开始咳嗽,在家又吃了 4 天药,听起来(咳嗽声)越来越严重。到医院医生说又肺炎了,心态快崩了,怪自己回去没有护理好孩子！可怜的宝宝,赶快好起来吧”。在这位博主“丹”的内容帖下,有 82 条其他用户的评论,几乎都是婴幼儿父母们分享自己也遇到过的类似的经历,从字里行间可以感受到父母们因为孩子生病而感到十分的痛苦和担忧。而且,不论国内外的父母,家中如果有幼儿生病,都是焦灼难耐,尤其是疫情这几年,“真的是挺担心的,就怕小宝宝也被感染新冠啊,而且我又一个人带他,万一生病了真是麻烦了,小孩子难受,我也难受”。(张玲玉)

孩子生病是父母育儿过程中的一大挑战,涉及焦虑、责任感、治疗选择、家庭生活影响、社会支持、预防措施和育儿知识增长等多个方面。这些主题共同构成了父母在孩子生病时的情感和认知体验。

二、认知发育的照护——陪伴互动启智趣

婴幼儿的认知发育照护涉及多个层面,包括感官刺激、语言交流、情感互动、游戏探索等多个方面的培育与引导,父母和照护者可以积极参与婴幼儿的认知发育过程,为宝宝提供丰富多元的学习机会,从而促进其认知全面、健康的发展。以下,将从胎教和早教两个部分来探讨父母们对婴幼儿认知发育的照护。

(一)孕期教育,心音相通——胎教体验

胎教是指在孕期通过科学的方式,对腹中胎儿进行的一种早期教育活动。胎教的目标是通过优化孕妇的生活习惯、情绪状态,以及有意识地向胎儿传递有益信息,从而促进胎儿的神经系统发育、情感发展和身体机能的健康成长。

不同的受访者,在胎教方面也有着不同的做法和体验。有一些受访者会有意识、有计划地给腹中的宝宝进行胎教。整个孕期,张玲玉都会有意识地给肚子里的宝宝做一些胎教,“就是会去听一些音乐,粤语的、英语的、日语的、中文的,我都会听,社区和医院也会安排一些相关的胎教课程,可以学习”。受访者金善贤则是因为自己是高龄计划产子,在怀孕期间就尤其注重胎教和日常护理。“在孕期还是会更注意一些,看的、听的、吃的都会选择好的东西。比如听听古典音乐,读读《塔木德》,这是一本流传了 3300 多年的有关犹太人的书籍,我觉得这本书非常非常有智慧,因为犹太人在世界上就是非常聪明的,所以我就在进行胎教的时候读这本书给孩子听。另外,我和老公也会尽量多和孩子说一些,比如我爱你、爸爸妈妈祝福你健康快乐这样的比较好的话。”

而有一些受访者则坦言自己因为工作、生活太忙而对胎教有所疏忽。郭婷在怀孕期间忙于科研,没有时间做胎教,“我没有特意去听一些音乐啊、去做抚摸啊这些胎教。但是因为我怀孕期间心态很平和,就是看文献、写论文这些,某种程度上宝宝也是和我在一起学习,感觉也勉强算得上是一种胎教吧”。杨梦婷在怀孕期间就由于工作繁忙也没有进行过系统化的胎教活动,但她的一些日常行为,比如让胎儿听音乐、与腹中的孩子说话以及轻轻抚摸肚子,实际上都是胎教的一部分。这些温和的互动可以帮助胎儿感知外部世界的声音和母亲的情绪,对胎儿的情感和潜在认知发展具有积极作用。“我们这种小地方,什么制度也都还不完善,不会说像大城市一样,还有给你专门指导什么的,什么都没有。我就是每次去产检,有什么问题就问一下医生。然后我和我老公也都是独生子女,爸

妈和公婆也都记不太清楚了，毕竟都过了 20 多年了。身边的朋友也都差不多年纪，也是第一次怀孕生孩子。所以我就下载了一个 App，记录一下发育的周期什么的。之前单位有一本育儿的书，但是也太忙了，没时间看，自己也不懂，也没有时间做胎教这个事情(笑)。”

由此可以看出，受访者的胎教形式多样，胎教实践各有特点，既有精心策划、多元化开展的案例，也有因工作忙碌而未能系统进行，但仍然在日常生活中自然融入胎教元素的情况。既可以是有组织、有目的的活动，也可以是日常生活中不经意的亲子交流和环境优化。不论哪种形式，关键在于为胎儿提供一个良好的内外环境，促进其身心健康成长。而对于不具备足够胎教资源和指导的准父母来说，保持平和乐观的心态、提供适度的感官刺激，同样是胎教不可忽视的部分。

(二)启蒙引导，寓教于乐——早教体验

早教对婴幼儿的全面发展具有深远的影响，不仅可以为孩子的健康成长奠定基石，也有助于其在未来的学习和生活中取得更好的成绩。婴幼儿早教的内容包括了视觉、听觉、触觉等多种感知能力的发展，旨在促进记忆力、想象力、思维能力、语言交际、社会情感和艺术审美等方面的早期启蒙。

尽管由于各自主客观条件存在差异，受访者们在对孩子进行早期教育活动的具体实践上不尽相同，但他们都无一例外地在不同程度上进行了积极的探索和尝试。

随着孩子的成长，受访者杨梦婷适时地调整育儿策略，确保孩子能够在关键期得到适当的成长支持。对于儿子的早期教育，她不顾家人反对，在她儿子 2 岁的时候将其送入了当地最优质的机关幼儿园小小班(早托班)。这一做法符合现代婴幼儿早期教育理念，因为早托班不仅有利于幼儿提前适应集体生活环境，还可以通过专业的教学体系和丰富的社交活动促进孩子的语言表达、情绪调节、基本生活自理能力和初步的社会交往能力。“事实也证明，我把他送到小小班去后，他真的变化很大的，一些日

常行为规范都能够遵守了,不然在家里,老人们太宠他了。而且,老师们会给他们做很多活动,相当于帮我做早教了。”

受访者郭婷的女儿则是主要跟外婆一起生活,孩子的外婆除了照顾日常起居,空闲时间还肩负着孩子的早教工作。“我妈有个很好的习惯,她会经常看书、听歌。我家小朋友经常能看到她在看书,她一给孩子喂饭的时候就说:‘来,要不帮你唱个歌?’我女儿就噔噔噔去把我妈的书抱过来放到她面前,意思是说,你可以给我唱或者是给我读。我妈也不让她看电视。我们让看一下,我妈都不让看,就经常带她出去玩,一天要出去玩三次。”郭婷对母亲的这个爱好很是认可,她的这种生活方式在无意中成为一种很好的早教方式。

受访者张玲玉也从多个方面积极行动,开展早期教育,“我经常会看看小红书,上面都是国内的妈妈分享的早教方法。我会给他买一些婴幼儿绘本,读绘本这方面我还是比较注重的。还有就是学英语,我会给他重点弄一下,也买了一些智能的教辅工具。毛毛虫点读笔、学习机这些智能早教工具什么的。另外运动方面的话,我也想让他多动一下。现在不是主张读书和运动么,我也认为阅读和运动对孩子来说是很重要的。可能和日本的妈妈相比,我做得算是稍微多一些吧,日本的妈妈一般都是散养放养式的,毕竟太忙了,一个人要照顾两三个娃。精力上也是搞不过来”。

0—3 岁是婴幼儿语言发展的关键期,这个阶段大脑的语言中枢发育最为迅速,对语言的接受和学习能力最强。在这个时期,丰富的语言刺激、互动交流,可以有效促进孩子的语言理解力和表达能力的发展。这个阶段进行外语启蒙也能起到事半功倍的效果。因此,混血家庭交融的生活环境也是子女成长过程中独特的经历。如赵星家庭的例子所示,其子女自幼便在双语环境中学习中法两国语言。尽管孩子们的中文水平现已相当不错,但赵星亦承认,在缺乏本土中文环境的情况下,仅凭母亲单方面的努力来维持和提升孩子的中文水平颇具挑战性。

这表明在混血家庭中,保持多元文化教育的均衡发展需要父母双方乃至整个家庭的共同努力和全局规划。“语言这种东西其实主要还是靠环境，就像我自己以前学过的日语，过了这么些年没有用过就都忘了。对于在这边生活的这种混血儿或者是华侨的后代，学习中文真的是老大难，是特别难的一个问题。所以这边的中文培训班都是很火爆的，中文学校比一般的兴趣班要贵很多，就比如说学游泳，一年才180欧，差不多人民币就1200块钱1年，真是特别爽，很便宜。我女儿学跳舞也是这个价格，包括我自己做运动也是这个价格。但是如果是学中文就特别贵，比如说那种网络上有学的悟空中文，一对一的辅导一年要1万多人民币，真是太贵了，即使是在中文学校一对多的差不多也是要2000—3000人民币1年，这样比较下来，培养语言能力的成本就很高。”而且，在日常的家庭教育中，她从来不会刻意地去看一些育儿类的书籍，或者参加相关的育儿活动，更多的是陪伴孩子一起游戏玩耍。虽然赵星夫妇对孩子在学习教育方面比较宽松，但是对于亲子度假这件事情却格外看重，“这边的家庭基本每周都会出去玩，到了假期度假的时候就很卷嘛(笑)。小孩子暑假都会说全家一起去哪里玩，很少有说小孩自己在家待着的。每到暑假我老公他就会休假，他们一年有5周的年假，一般会在暑假的时候休得多一点，这样就可以陪伴小孩出去玩、旅游什么的，大家都会去安排这种活动。小孩子都要晒黑一点，这样开学的时候才看得出来你是出去玩过的，而不是天天宅在家里。如果你太白了，别人就会感觉你没有很健康的生活方式，或者是没有钱去度假，这点就是特别夸张。之前我晒黑了，我婆婆她就会摸着我的胳膊说这个晒出来的肤色太好看了，我自己晒黑反而会觉得很自卑，但是他们是很难晒黑，会需要使用一些精油或者一些手段，他们特别爱晒太阳，和咱们有很大的差别”。

同样以户外探索为早教实践手段的受访家庭——王乐乐一家，也热衷于利用休闲时光开展亲子教育活动。每逢周末假期，他们便会有规律地带领着孩子徜徉在大自然的怀抱之中。瑞典有得天独厚的自然资源优势，那星罗棋布的葱郁森林、碧波荡漾的湖泊和设施完善的公园都是他们活动的优选之地。只要气候条件允许，在微风轻拂、阳光初绽的日子，他们都会带领孩子走进这些生机盎然的自然课堂，让其在游玩中汲取成长所需的多元体验与教育元素。

另外，瑞典的博物馆不仅是珍藏历史与文化瑰宝的知识殿堂，同时也是极具价值的早期教育场所。这些博物馆以其丰富多样的展览内容和寓教于乐的互动形式，为幼儿提供了生动活泼的学习环境。从自然科学到艺术人文，再到民俗传统，各个领域的知识都能在各类博物馆中找到对应的教育资源，帮助孩子们在轻松愉快的游览过程中开启智慧之门，激发好奇心与探索精神，从而在学前教育阶段得到全方位的认知启蒙。“天气好的时候我们会去公园、郊外森林这些自然的地方，现在天气冷的话就可以去博物馆。像斯德哥尔摩就有很多博物馆，我们大概再过一两个月就想搬去市中心住，这样就可以经常带他去博物馆了，因为这边冬天经常下雨，又特别冷，所以相对来说室外活动会少一点。”

相较于许多致力于精心培养子女的母亲，李林峰表示自己在履行父亲职责方面有待提升。在讨论到儿童的认知训练及早期教育领域时，他坦承自己在此方面的投入尚有不足，并经常收到妻子善意的提示与鼓励。“我之前照顾我儿子的时候就只是单纯地坐在那陪他，不会和他太多地沟通。因为这个事情之前也被说过很多次了。不过平时我们也会给他放一些英语歌曲什么的，因为中文和日文已经算是母语了，英语没有特意去教，就随便放着当是磨耳朵培养语感吧。我们倒也没有说太特意地去做一些早教的事情，就单纯陪他玩。因为他现在还太小了，基本什么也玩不了，就只会把玩具送到自己嘴巴里面，然后他就喜欢‘吃’各种各样的小玩具。比如小车车什么的，就全部拿过来放到嘴里边吃，还不会好好玩。”虽然早教的过程遇到了一些困难，但是他并没有气馁，和自己的妻子学习了不少育儿技能。“孩子虽然还小，但是稍微能够明白大人的一点点指令了，比如说他偶尔也能够在分别的时候朝你挥挥手。你如果对着他张开双臂，他可能也会要抱抱你。不过因为主要是和妈妈在一起的时间多，基本上都找妈妈要妈妈抱”。在后续的数次访谈中，我们可以明显观察到李林峰育儿技能的显著提升，特别是在二胎诞生后，他对孩子们的成长照料更为得心应手。如今，他的大儿子也已具备了照看小弟弟的能力，展现出兄弟间的互助与关爱。

婴幼儿认知发展的教育实践呈现出多元化的特点，受到家庭成员的教育观念、生活方式、可用资源（如智能教辅工具）、国家政策和社会环境等多重因素的影响。以上这些实例揭示了家庭、社区、文化背景和公共政策交织作用于婴幼儿认知发展的真实情境，且这些因素相互作用，共同构成了婴幼儿认知发展的复杂生态。

第三节　婴幼儿照护的苦与乐

一、婴幼儿照护的辛酸与苦楚

婴幼儿照护是一项充满挑战的任务，它不仅包含了深沉的爱意与责任，同时也伴随着诸多心酸与苦楚。从新生儿时期的频繁夜醒喂养、换尿布，再到幼儿阶段的情绪引导、习惯培养，每一环节都需要付出极大的耐心和精力。婴幼儿身体娇弱，容易生病，这使得家长在面对突发状况时往往焦虑万分；同时，婴幼儿无法用语言清晰表达需求，使得照护工作更具不确定性。此外，长期睡眠不足、生活节奏被打乱以及自我时间的压缩等现实问题，更让婴幼儿照护者深切体会到其中的艰辛。然而，即使面临种种不易，每一个为了孩子默默付出的照护者，都在以无比坚忍的毅力，坚守着这份甜蜜而又沉重的责任，因为在他们心中，孩子的健康成长就是一切辛酸与苦楚的最佳回报。

如受访者钱园在产后坐月子休养期间，她的老板娘便不断敦促她尽早回归工作岗位，当时恰逢公司业务繁忙之际，“我那会儿是躺在家里坐月子都在赚钱，因为我之前设计的服装款式卖得特别好，我就一直能拿提成。但是我好不容易能休个假恢复身体，公司又一直催，搞得我心情也不好了。那种时候就不是钱不钱的事了，影响了我身体恢复啊。我一坐完月子就带着一家老小回去上班了，其实月子也没坐好，现在也老是腰疼”。因为小女儿是从小就跟着她睡，直到最近，两岁多的小女儿嫌弃爸爸睡觉打呼噜太吵了,也觉得空间太小了,就和奶奶睡了。之前一直都是白天要上班,晚上还要带小女儿睡,睡眠质量也不好。“说实话,这几年还是很累的。真的只有当妈的才能体会。”钱园一般每天早上大概 8 点出门上班,下午一般是 6 点下班,大概 7 点钟到家。但是最近公司生意比较好都不能按时下班了,经常需要加班,晚上得到八九点才能下班回家。小女儿每天下午都会睡两个多小时的午觉,晚上一般都要 10 点多才睡觉。“我们下班回来得晚,小女儿也要等着我们回来。我婆婆 70 岁了,她晚上容易困,9 点多就要睡了。我就会让我婆婆先去睡,我再陪我女儿玩一玩,得要到 10 点才能睡着。小的时候跟我睡,晚上一会儿又要夜奶,睡不好觉,白天还得上班,很痛苦。现在不用夜奶了,好多了,但是也得时不时醒来看看她有没有踢被子啊,反正带孩子睡,肯定是睡不好觉的。”

在缺乏外部支持的情况下,若父母中的一方选择承担全职育儿的责任,那么该个体将面临更为显著的劳碌与疲惫。这一选择意味着该父母成员必须独自面对育儿过程中的一系列挑战,包括但不限于全天候地关注孩子的日常生活与教育指导,同时还需管理家庭的其他日常事务。这种高密度的责任承担必然会使全职育儿的一方深刻体验到抚育子女过程中的艰辛与压力。“全职妈妈带娃的累,累的不只是带娃,还要买菜做饭、洗衣、拖地做家务,还要管教孩子,要给孩子做规划,但是这些工作都没有工资量化,也没有时间衡量,可能家中的其他人无法感同身受,而这样的日子,不是一天两天,也不是两三个月,而是多少个春夏秋冬交替的一年又一年。灵魂困于方寸之地,枷锁桎梏自由之身。”当前,家庭中主动或被动选择做全职家长的通常是母亲。近年来,也有不少男性选择成为全职爸爸。2022 年猎聘网发布的《职场人婚育生活状态洞察报告》指出,一线城市中有近 40%的男性在“如果夫妻中必须有一个人在家照顾孩子,你愿意当全职妈妈或全职爸爸吗?”的调查中选择了愿意。在全职爸爸的自述中,他们也终于体会到照护孩子的辛苦,变得更加理解妻子。“我属于新手爸爸,做家务也得学,刚开始拖地,不会拖到犄角旮旯,老婆回来还得重新再做一遍。带娃真的是很烦琐的工作,比上班更累。上班偶尔是可以摸鱼,可以休息的。但是你在家的工作是碎片化的,家里的事情你不做不会有人帮你做,而且如果不做还会危害到全家人的身体健康。以前觉得上班的人累,现在真是谁带谁知道。”

许多家庭在婴幼儿照护方面面临诸多的挑战和困难。在现代社会,随着经济的发展和生活节奏的加快,父母们往往需要在工作和家庭责任之间找到平衡,这对于婴幼儿的照护尤为重要。

以上内容揭示了当代中国家庭在育儿、工作与家庭平衡方面的多重挑战,以及在育儿过程中家庭内部不同成员的角色分配与教育方式的差异。同时,也展现出随着社会变迁,人们对性别角色和家庭分工认识的逐步变化。

总之,婴幼儿照护是一个复杂的过程,涉及健康、教育、心理和社会等多个方面。家庭、社会和政府都需要共同努力,提供必要的支持和资源,以帮助父母们更好地照顾他们的孩子。

二、婴幼儿照护的幸福与喜悦

虽然照护低龄婴幼儿很辛苦,但是和小宝宝的一些互动总能治愈家长的疲惫。每当可爱的宝宝盯着你笑、突然靠着你的肩膀、睡醒盯着你、拉着你的手和你疯玩、窝在你的怀里、睡着也往你怀里钻的时候,你的内心都能够被瞬间治愈。

自从孩子出生后,王乐乐每天都感觉很开心。“因为他真的好可爱,就会觉得我有了一个自己的孩子,完全是由我生、然后完全是我来养的。每天都跟他生活在一起,看到他的成长就觉得很幸福、很幸福,所以我就没有什么觉得很难受的地方,就觉得很开心。”尽管迎接新生命会带来生活格局的根本转变,但育儿之旅却也蕴含着前所未有的喜悦体验。“我自己以前真的是超级爱玩的,但是当了妈妈之后,确实有很多东西都发生了很大的变化。每天都不敢睡得太晚,早上也不可能睡懒觉。不过,小孩带给我的很多快乐也是以前无法体会的,当了妈妈之后,看着孩子一点点长大,我们周末或者假日一般都是带着孩子出去玩,这种共同度过亲子时光的快乐,也是以前所没有的,就会感到很欣慰。”

当孩子长到两岁以上时,通常不再需要夜间喂奶,能一觉睡到天亮,这让父母也能拥有完整的夜间睡眠。孩子入睡更容易,睡得更深,父母不必像以前那样担心会吵醒孩子。同时,带孩子出门也变得更简单,不需要带上一大堆东西,比如奶粉。这个年龄段的孩子白天已经可以不用尿布了,他们会告诉父母自己想要上厕所。在饮食上,孩子开始和家人一起吃饭,也学会了自己用餐具吃饭。语言能力的提升让他们能够表达自己的需求,甚至会说出“妈妈/爸爸,我爱你”这样的话来表达感情。随着孩子越来越独立,养育他们的难度也有所下降,父母们的照护压力也能有所缓解。另外,孩子两岁左右开始上托班,接触新的朋友和老师,这不仅对孩子有益,也让父母的照护工作变得轻松一些。

养育孩子的过程,不只是单方面的辛苦付出,孩子在成长过程中也能让照护者感受到很多的快乐。正如泰戈尔在《孩童之道》中写道:“只要孩子愿意,他此刻便可飞上天去。他所以不离开我们,并不是没有缘故。他爱把他的头倚在妈妈的胸间,他即使是一刻不见她,也是不行的。孩子知道各式各样的聪明话,虽然世间的人很少懂得这些话的意义。他所以永不想说,并不是没有缘故。他所要做的一件事,就是要学习从妈妈嘴里说出来的话。那就是他所以看来这样天真的缘故。孩子有成堆的黄金和珠子,但他到这个世界上来,却像一个乞丐。他所以这样假装了来,并不是没有缘故。这个可爱的小小的裸着身体的乞丐,所以假装着完全无助的样子,便是想要乞求妈妈的爱的财富。孩子在纤小的新月的世界里,是一切束缚都没有的。他所以放弃了他的自由,并不是没有缘故。他知道有无穷的快乐藏在妈妈的心的小小一隅里,被妈妈亲爱的手臂拥抱着,其甜美远胜过自由。孩子永不知道如何哭泣,他所住的是完全的乐土。他所以要流泪,并不是没有缘故。虽然他用了可爱的脸儿上的微笑,引逗得他的妈妈热切的心向着他,然而他的因为细故而发的小小的哭声,却编成了怜与爱的双重约束的带子。”《西尔斯亲密育儿百科》中也说道:“宝宝终有一天会离开 37℃的母乳,终有一天他会彻夜睡觉,不再打扰你,这种高需求的育儿阶段很快就会过去。宝宝在你床上的时间、在你怀里的时间、吃奶的时间、在人的时间里都是非常短暂的，但是那些爱与信任的记忆会在他的脑海里持续一生。”

就像小红书博主“丽”总结道：“生孩子的好处，归根结底就一条，那就是让你对‘活着’这件事有更深刻的理解、更透彻的领悟。我觉得，这一点就足够有价值了。生孩子可不是为了让你这位当妈的物质生活更富裕、精神世界更快乐。事实上，你会发现有了孩子后，手头的钱变少了，自由的时间更是所剩无几。与此同时，各种负面情绪如潮水般涌来，黑暗时刻似乎也变得多了起来。正是这些巨大的生活转变，让我们对生命的认识变得更加深刻，更加痛彻心扉，从而明白生命之不易，每一个新生命的诞生都是何等的珍贵”。她也以宝妈的切身经验分享了生育给自己带来的好处：“在身体方面，可以减缓痛经、减少部分疾病，孕期抵抗力提高；在心理层面，能收获很多的幸福感（看到她就会不自觉地嘴角上扬，时不时地都想和她待在一起，逗逗她、亲亲她，小小一只真的太可爱了，这种幸福感真的只有做了妈妈才能体会）和成就感（第一次睁眼、第一次喝奶、第一次嘘嘘、第一次微笑、第一次抬头、第一次洗澡、第一次说话、第一次游泳、第一次翻身、第一次互动等。我陪伴并见证着她无数的第一次，看着她不断地成长真的超有成就感），对未来有所期待，变得更加精神抖擞。”

受访者李林峰在成为父亲后，通过育儿经历，也有了从未有过的体验和感受，“我还是觉得很幸福的，虽然有时候会觉得比较辛苦。因为带着孩子看着她一点一点地成长起来，就觉得挺欣慰的。作为‘老父亲’，能把他一点一点地养大，是一件挺有成就感的事情。很多时候也挺治愈的。总的来说，对我们来说有孩子是一件很好的事情，虽然也会有辛苦，但总体来说这种辛苦是在一个可承受范围之内，觉得还是挺值得的。另外，虽然自己的休息时间会被压缩。没结婚之前我自己一个人可能也就上上网，一天也就消耗过去了。现在有孩子了觉得做的事情还是挺有意义的”。

值得注意的是，在悉心照料婴幼儿的这段宝贵历程中，不仅婴幼儿得以茁壮成长，父母们亦在陪伴孩子成长的过程中实现了自身的蜕变与成熟。这一过程不仅强化了亲子之间的深厚纽带，甚至还在一定程度上促进了父母与自己长辈之间关系的修补与升华。受访者郭婷平常的科研工作难度大，需要耗费大量的时间和精力，其丈夫的工作也较为繁忙，因而郭婷的孩子主要是由其母亲照看。“我生孩子的前三天，我妈到我家的，因为我提前都不到一个月才跟她讲我要生孩子了。我说照顾我倒是不重要，因为我觉得我也不需要照顾，关键是要照顾小孩。我妈立马就说好，她会来照顾。她那会儿是又生气又开心。生气是因为我都没有提早告诉她领证怀孕的事情，不过知道后还是很开心，毕竟这是一件喜事。”因为母亲能来帮忙照看孩子，她们母女的关系也有了变化，“因为我小时候都是散养的，和我妈生活的时候也不多的，但是现在因为我妈过来帮我带孩子，我们相处时间多了，也更亲密了，我现在真的很感谢她”。

第四节　育儿观念和生育决策

一、育儿观念——期待各异，理念分歧

育儿观念是指父母、监护人以及其他教育角色，在抚育与教导婴幼儿的过程中凝练而成的一套完整的思想体系与行为准则，涵盖了对孩童成长、教育和发展的全面理解和处理方式。这一观念根植于特定的文化土壤、社会环境以及个体经验的积淀，意味着在不同的历史时期、地域特色和家庭环境中，育儿观念可能存在显著的多样性与差异性。伴随着科学技术的发展、社会风尚的变革，育儿观念也紧跟时代步伐，不断地更新迭代与进化演变。本章节中，我们将聚焦于被访谈对象们反复提及的两大核心议题——育儿期待与教养冲突，展开深入探讨。

(一)育儿期待各异

在育儿这场温情而庄重的旅程中，每一位父母无不承载着对子女未

来生活的美好愿景与热烈向往。他们衷心祈愿，在倾注关爱与智慧的教养过程中，稚嫩的婴幼儿能够沐浴着阳光，稳健迈向健康快乐的成长之路，日渐培养出独立自信的良好性格，养成积极向上的生活习惯和卓越的社交能力，且始终保持对世界满怀好奇、热爱求知的探索精神。同时，父母们深刻意识到，育儿本身就是一场自我修炼与提升之旅，他们借此机会力求自身人格的升华和完善，加深家庭成员间的深情联结，继承并弘扬家族世代相传的核心价值观念，矢志培育下一代成为兼具社会责任意识与高尚道德情操的时代新人。此外，无数父母更是寄予了厚重的期望，期盼儿女能够在未来的学术追求、职业生涯以及整个人生航程中，书写辉煌篇章，达成个人价值与社会价值的高度融合，成就一番精彩纷呈的人生伟业。然而，不同的父母与家庭背景，他们对子女的期望值与期待方向呈现出多元化的差异。

对于儿子的未来，受访者杨梦婷也是充满了期待，“我跟我儿子讲得最多的是我希望他以后可以当一名军人。其实这也是我个人的一个没有达成的梦想和愿望吧。虽然会有一点感觉，就是说，把自己没有实现的那种愿望去加到他身上不太好。但是我觉得如果能成为一名军人，可以报效祖国，我觉得还是一件很好的事情，对他个人来讲，在部队里面他的身体素质和心理素质也都能得到锻炼，因为军人需要具备比较好的心理素质。就算他以后转业出来，有过部队的训练经历也有利于他的工作。不过也可能是与他出生那会儿身体不太好，现在也是偏瘦小有关系吧（笑），希望他以后能身强体壮一些”。

金善贤也对儿子充满期待，希望孩子以后能够成为一名专家。“我希望他能成为某一方面的一位专家。因为每一个人都有自己的天赋和才能，我希望能帮助孩子尽快发现他的天赋和擅长的领域，也希望孩子能充分发挥他自己最好的、最棒的才能。所以，我从现在开始就尝试着去帮孩子积累各种各样的珍贵的经验，具体的包括读书、旅游、学乐器、欣赏艺术等。我希望他以后能有一个幸福、满意的人生。”

尽管父母对孩子有很多期望，但每个孩子都有自己的人生路，他们的生活应该由他们自己来掌控和决定。就像受访者张玲玉说的那样:“我虽然是有自己的想法,但是我不会现在就对他去表达或者表现出来,也不会对他说你一定要按照妈妈这种想法去做。因为我觉得这样对孩子不好,对妈妈也不好,对我自己也是一种压力对吧,何必呢是不是。平时的话可能会给他稍微引导一下,比如让他了解不同的职业什么的,但是我还是会尊重他自己以后的选择吧,看他自己想要什么。没有说他一定要,比如说做什么。虽然我还确实心想他将来当个医生的。”

而且,在育儿期待和制定规划的过程中,夫妻双方务必要努力达成共识,确保教育理念和目标的一致性。比如郭婷和丈夫在育儿方面,能够做到互相沟通和理解,“有时候我会和我老公说现在要不要学个钢琴什么的,我自己觉得如果有的话就可以给她准备起来了。然后我老公说你可以准备,但是现在要慢慢地释放天性,等到她 3 岁的时候,她可以自己讲话了,完全可以表达出自己的想法的时候你再和她沟通,看看要不要学。我觉得他说得也有道理,就按照他说的来。我们周末的时候一般都会带女儿去玩,在花钱方面观念也是一致的,不会说去给她报很昂贵的这个班那个班。就是大家都商量着来,在力所能及的情况下,希望能给孩子我们认为最好的,给她多一些选择,只有面临的选择多了,才知道什么是她喜欢的”。郭婷夫妇在对孩子的期望上达成了共识,他们一致认为孩子的快乐成长是首要考虑的因素,并将孩子的幸福感置于核心地位。在育儿的道路上,他们共同秉持着这一原则,让孩子在温馨和谐的家庭氛围中无忧无虑地享受童年,发掘潜能,自由成长,以此为核心导向,共同规划、安排适宜的教育方式与生活。“我们就觉得她快乐就好,就是要她玩耍她快乐,然后希望她在玩中树立一个正确的世界观、价值观。希望她的观念一定要正,要做个好人,简单一点,其他方面好像没有什么太大的要求。没有说一定要让她上好学校,没有说要她一定要考试考很高分,不用她去当班长,也不用她考第一名,也不要她去上重点去干什么,要成为优秀的人,这些我都觉得无所谓,就你有学上就好了。希望她就是个普通的小孩,做个正常的人就行,做个普通的人快快乐乐的,没有这些忧心的事情,不用为钱发愁，希望她没有后顾之忧，就是希望她快乐成长，能做自己想做的事情、感兴趣的事情。当然玩的时候也会有很多的选择，就这个也让她玩玩，那个也让她玩玩，最后她总能发现自己真正感兴趣的事情。希望她能找到自己希望的以后可以沉静下去做的事情，并认真去做就好。再就是希望她可以去很多的地方，去很多不同的地方。"然而，在郭婷分享这些观点时，其言辞中蕴含的深层含义引人深思。表面上，她似乎对女儿的成长并未设立严格的标准和期望，但实际上，她所提及的诸如"无需为金钱忧虑"以及"生活无忧无虑"等愿望，则是寄托了一种高标准的期许。尤其是在当今社会竞争激烈的大环境下，要实现财务自由和生活安宁这两个目标，实际上对孩子提出了相当高的要求和挑战。

这表明郭婷夫妇在关注孩子快乐成长的同时，也寄予了对女儿未来能够成功应对生活挑战、实现自我价值的深切期盼。因此，郭婷在随后的表述中，将这份潜藏的较高期待悄然转移到了自己的肩头。她明白，要想让女儿真正实现"无需为钱发愁"和"没有忧心之事"的生活状态，作为父母的他们首先需要为此付出不懈的努力。这意味着她和丈夫将在事业上拼搏奋斗，为家庭创造稳定的经济基础，在教育上用心栽培，帮助孩子建立强大的内心世界和解决问题的能力，从而为女儿营造一个尽可能接近郭婷理想的成长环境。"我想她觉得确实玩得很快乐，尤其是心理上觉得开心快乐。当然，我也知道想要获得这个开心快乐是有个前提的，就是你不用为钱而发愁。如果说家里没有钱或者说我们家长的物质基础很弱，那就会限制小孩的发展。所以我们要把这个物质基础打好，我们自己要努力去奋斗，虽然不需要很多的钱，但至少要保证你有快乐的基础对吧。如果她想出国玩一下，那我要把出国的钱给她准备好，或者说我要教导她有赚到她想要的这笔钱的方法和技能对吧？而这个的前提就是我自己必须得有这个能力和方法才能去指导她。如果我自己都没有这个钱或赚这个钱的能力，我还让她去赚这笔钱，这就有点过分了。"

王乐乐谈及自己对孩子的期待，也是希望孩子以后能够幸福快乐，与郭婷的表述有几分相似。"希望他能够有自己的能力去做他自己喜欢的事情就行。尽管无论是加拿大的校园还是瑞典的教育体系，普遍推崇以快乐为导向的教育模式，家长们普遍更加关注孩子在校内的快乐体验而非仅仅拘泥于书本知识的积累。但无论身处何地的华人家庭，其父母们似乎普遍存在一种共识：对子女有着较高的期望与要求。

在展望孩子未来的发展路径时，混血家庭的父母通常展现出独特的视角。赵星对此态度鲜明，她着重强调了对子女幸福度的关注，认为首要的愿望便是孩子们能够在未来生活中享受到更多的快乐。学历方面她与丈夫均持有硕士学位，自然而然地也希望孩子们能够达到或超越这一教育水平，毕竟他们都接受过高等教育，深知学历的重要。得益于法国健全而宽松的教育体系，获取硕士乃至博士学位的机会相对宽松，只需具备一定的学术能力，通常都能够顺利申请到理想的学校。尤其在本科升硕或者硕博深造环节，不同于国内高度竞争的录取机制，法国普遍采用申请制，为孩子们提供了更多元化和包容性的升学途径。“我家小孩虽然现在还没有读到这个阶段，我只是听我的朋友们说的，这边基本上是只要不是太差的话都是可以申请到大学的，而且这边的大学还都挺好的。只要你想继续读，基本上是可以往上读的。因为这边的学生没有那么多，学校还挺多，所以不会有千军万马过独木桥的这种情况。”没有升学的压力，家长、老师和孩子们的相处也能更为融洽，学校老师也能更好地关照到每个学生的成长，让学校的学习真正回归教育的本质，促进孩子们的身心发展。“这边的学校教育不会像我们那样从小开始就抓得很紧，要求很高。我们家孩子回来就会说老师特别好，好喜欢老师。他们老师会允许小朋友有一些调皮、捣蛋，但是你能感觉出来那些孩子有些虽然调皮，但是在公共秩序和道德方面都是做得很好的，这些应该与家庭教育和学校教育都有关系，学校也比较看重这块。”

此外，随着孩子的成长和外部环境的变化，父母们的育儿观念也会发生变化，受访者钱园因为精力有限，无法同时照顾两个孩子，就将大女儿送回了娘家。为此，她怀有很强的愧疚感，自己的一些育儿理念也发生了变化，“我以前觉得对孩子好就是赚很多钱，可以给她很多她没有吃过的好吃的、漂亮的穿的和好玩的玩具。但是我现在就发现我错了，给予孩子陪伴才是最好的。小孩子的性格和习惯的养成就这么几年，爸爸妈妈不在身边引导还是会差很多。外公外婆对她很好，不舍得打、不舍得骂、即便是有时候稍微大声一点说了她，我女儿都会觉得外婆是在骂她。如果是自己的爸爸妈妈的话，可能就不会这么敏感了。而且，前段时间可能是由于身体的不适，我看老家发来的视频就发现大女儿有用吐口水、翻白眼来表达她的不满的行为，所以我现在也是很担忧啊”。

在育儿预期方面，钱园希望孩子们："就像是种树一样，好苗子种下去了，得有好的环境和养分，孩子不好好培养也就长不好了。但是很多时候我也是很无奈，年轻的时候不赶紧多拼一拼以后就更难了，虽然这两年的收入还可以，但是以后就不知道了，做父母的总是想要给孩子创造更好一点的条件。我们这种工作也属于吃青春饭的，需要大量的时间和精力的投入，年纪大了真是就拼不过年轻人的。"在后续的访谈中获知，钱园选择了辞职回老家一边照顾两个孩子，一边寻找就业机会，优先考虑孩子们的教养和照护问题，她丈夫则继续留在大城市打拼。

(二)教养理念有分歧

在 0—3 岁这一婴幼儿关键发育阶段，教养理念的分歧尤为突出，表现为不同家长、教育者对婴幼儿的抚养和教育方式持有不尽相同的观点与方法。这一时期的婴幼儿处于快速生长发育和认知能力初步构建的关键时刻，每一项细微的教养决策都可能对其今后的生理发展、智力启蒙、情绪调控、性格形成乃至社交能力等诸多方面产生深远影响。

尽管郭婷与其母亲在教育理念上基本保持一致，并且多数情况下她母亲都会采纳郭婷的意见，但唯独在是否允许孩子看电视这个问题上，郭婷的母亲却持有自己的看法并坚持己见。她母亲认为希望限制孩子看电视的时间，以防过度依赖电视而影响其他重要能力的发展，如人际交往、户外活动等。但是郭婷却认为适当的电视节目或许可以作为一种教育工具或娱乐手段，这对拓展孩子的认知和视野有一定益处。由此也可以看出，在认知照护方面，不同代际间有着育儿观念上的微妙差异与融合。“有些时候孩子闹腾，我就会给她看一会儿动画片，而且我一般是会把这个时间把控好的。但是我妈就不给她看，她的意思就是 1 分钟都不给她看。她好像有这种小孩子看了电视眼睛就一定会坏的固有观念，她没有想过说我给她看 15 分钟，但是让她在户外玩两三个小时就完全可以把这个负面影响抵消掉。而且你远距离地在一种舒适的眼睛放松的状态下看电视是没有关系的，只是不要时间太久，而且动画片里面确实有很多东西是有意思的。我说那她不看电视她就要老要来闹腾我。但是即便我这么说，我妈就是不给她看。”

受访者李林峰因为是国际婚姻，在教育理念和养育习惯上与长辈们存在着一些差异。“在育儿方面，其实我都听我老婆和丈母娘她们的，我自己没有感到有什么太大的文化差异，她们说的我基本上都能接受，都是照做。但是我自己在做一些家务或者照顾孩子的时候在一些小地方做得不好的话我老婆和我丈母娘就喜欢说我。所以就会有一些矛盾和争执，我就觉得因为一些很小的事情不需要说得那么不好听，老是说我的话我就会有些不开心吧。”李林峰未感到与外籍的妻子一家有太多的育儿理念方面的差异，反而和他自己的父母在育儿观念方面与日本的文化会有差异。“我父母的一些想法可能就比较传统，会使得我老婆不太高兴。比如满月理发这个事情。当然这个理头发的习俗也不一定是全中国都一样，可能每个地方习俗都会不一样。我们老家那边就有这样的习俗，就是孩子到满月的时候要把宝宝的胎毛全都剃掉。但是日本这边是没有这样的习俗的，所以她就会不乐意做这个事情。我跟我爸妈他们说了，但是我家人那边他们的想法就比较固执，就不容易改变，就希望一定要这么做。然后我们就为这个事情争吵过几次，我要他们不要太过干预我们的生活，你们又带不了，就不要说那么多了，说一次就好了，如果我们能接受，我们就会接受，但是不希望他们反反复复地跟我们来念叨这个事情。这个事情吧，最后是因为我的反应比较强烈，她们也就不再说了，就会赞扬我把孩子带得好，因为他们也帮不了什么忙，也就只能这样鼓励一下吧。”

另外，来自不同文化背景的父母在教育观念上往往表现出各自的差异。正如受访人赵星谈到，尽管法国的学校教育体系以相对宽松和自由闻名，但这在某种程度上并未完全契合许多华人妈妈们的教育期待，她们对此可能感到不太满意。"学校的老师很少去说孩子们做得有什么不好，只要你做得不是太过，学校老师就会允许你的那种调皮，不会说一天到晚来管你是不是听话。总体这种教育还是很宽松的，所以很多华人家长都觉得说这种教育方式太佛系了。"这也显示了在全球化背景下，东西方在教育理念上的显著差异，特别体现在教育成果的定义和实现方式上，以及不同家庭对孩子成长的不同期望。即便在教育环境比较宽松、压力较小的法国，华裔家庭依然保持着对教育的高度重视，对孩子的教育抱有很高的标准和期望。这些家庭非常看重教育的质量，对孩子的学习成绩和未来发展寄予厚望，而这种高期望在与所在国家的教育环境相遇时，往往会引发更强的教育焦虑。

总之，育儿过程中父母对孩子的期望和思考，反映了他们对孩子未来幸福、成长和成功的关注。同时，也体现了父母在育儿过程中的挑战、压力和责任。我们可以看到父母对孩子的期望是多样化的，既包括职业成功、快乐成长，也包括正确的世界观和价值观的培养。同时，父母也意识到教育方式和经济条件对孩子成长的影响。这些可以为理解现代父母的育儿观念提供基础，并为家庭教育实践提供指导。尽管每位家长都有自己的育儿哲学，但他们都共同关心孩子的幸福、成长和教育。这些观点和期望反映出了当前社会环境中父母们的复杂角色和责任。

二、生育决策——添丁之选，顾虑万千

生育决策，这是一个涵盖了诸多复杂因素和考量的综合性抉择过程，它不仅仅局限于是否孕育新生命的决定，更涉及对未来的规划、家庭构成、经济状况、教育理念、个人生涯发展、社会责任感以及对生态环境影响等多个维度的深度思考和评估。

当研究者谈及是否有再生育二胎或三胎的打算时，郭婷当即做出了

否定回答,并给出了几个主要原因:“首先,主要出于金钱的考虑,对,就是钱,如果你有钱,请人带孩子也都是可以的。因为养小孩要用很多钱,对吧?既然想要给予她最好的,那你就要准备很多的钱才能给她提供最好的照护,那你要把这部分钱再挪出来。其次,生二胎对于我而言就是不行的,我觉得这样对老大不公平,明明她可以拥有所有,为什么她要匀出来给第二个。换个角度说,就是我没有找到合适的生二胎的理由,为什么要生第二个呢?我们家和我老公家都没有重男轻女的思想,认为男孩还是女孩都没有差别。人们老是说生二胎可以给老大一个伴儿,我跟我老公都不认同这一点。这个伴儿就是大人自己的想法,对于小孩而言不一定是这样。如果说是喜欢小孩子,那有一个就够了啊。不过再过段时间我也不一定能生得出来了,对吧(笑)。总的来讲,主要还是因为钱和我自己的年龄这两个现实的因素。当然,按我老公的意思是,如果可以的话也可以生第二个,就是小孩子多家里热闹,如果出去外面,大家一起玩人多更热闹。”

受访者张玲玉则感觉当前时机还不成熟,一方面是由于自己一个人带孩子,精力不够,“现在我老公的工作不是经常出差嘛,他老是不在家,我一个人带孩子太难了。然后我公公、婆婆他们也都有自己的工作,现在也过不来,感觉还得再等等”;另一方面则是从个人和工作发展方面考虑,“我是想找一份正式的工作,日本这边如果是正式工的话就可以休上1年的产假,而且福利待遇什么的也都比较好。但是像我现在这样的零工的话就比较不划算。我现在这个处境就很尴尬,去面试的时候人家也会问要不要二胎,因为现在孩子也2岁了,如果说不要的话,人家也有点不太相信。毕竟干不了多久就要休假了。所以我现在处境比较尴尬,除非就是说我面试的时候表现得特别坚决,就不要二胎,但是到时候如果意外怀孕了,就真是太离谱了,也不好解释,日本这边也不能堕胎,就会很尴尬。人家就会觉得你是故意来骗钱的”。

目前,法国虽已推行了一系列促进生育的政策,但其社会依旧面临着日益凸显的“少子化”困境。许多年轻一代对生育持有谨慎态度,甚至对婚姻大事也格外审慎，多数人倾向于在迈入 30 岁门槛后才开始认真审视生育问题。遗憾的是，不少人在最终决定生育时，已然错失了生理上的黄金生育期，从而导致难以实现生育愿望。“这边好像是每个家庭要生到 3 个小孩，整个国家的人口才不会负增长，我们家属于没有给国家做贡献的，所以小孩的很多花费会比多孩家庭高。虽然说这边的幼儿园是免费的，但比如说 4 点钟放学之后，课后晚托班的收费标准就会参考家庭的孩子数量，如果你家小孩有 4 个，那课后学校就可以免费帮你带。生的越少出的钱就越多。”尽管政府已推出一系列旨在鼓励生育的政策与举措，然而情况仍未见显著改善。当被问及是否计划生育第 3 个孩子时，赵星给出了明确且坚决的否定回答，表示并无继续增加家庭成员的意愿。“首先我们没有公婆帮忙就不会再想要生了，再加上现在有 1 男 1 女已经觉得很满足了。然后我们还是比较关注小孩的教育和成长的，不会说生出来了就全部交给学校、交给社会来弄，我们自己在这方面还是会有一些要求，所以会需要我们长期地投入，就已经是没有多余的精力再去照顾第 3 个孩子了。”

尽管大多数受访者对于再度生育并无强烈诉求，但在家庭内部，长辈们却常常持有不同的观点。以钱园为例，其母是一位秉持传统观念的女性，始终坚持她理应再诞下一个儿子，以延续家族血脉。“我妈甚至会觉得说，她的女儿嫁到人家家里去，没有完成传宗接代的任务，她来我老公家都会感觉到脸上无光。包括我舅舅、奶奶她们都觉得我现在两个女儿还不够，应该再生一个儿子。”在小女儿出生前，钱园的丈夫内心还是希望能有个儿子，但小女儿出生后，他也同样非常喜爱，把她当作掌上明珠。钱园当初怀二胎完全是在计划之外，她本认为有一个女儿就足够了，这样可以给孩子提供更多的资源，也能更好地培养她。但既然意外怀孕了，他们也就欣然接受了这一事实。“我自己原本就是非常喜欢孩子的，以前就经常帮忙带我哥哥的两个孩子，我丈夫也是非常喜欢孩子的人，别说是二胎，哪怕我现在又怀三胎了，他也肯定是会想要生下来的。家庭聚会的时候，我婆婆和我老公的姐姐虽然没有明确表态，她们的意思也是如果要生,那还是要生儿子。但是我老公,甚至包括他哥哥都说哪怕三胎还是女儿他们也觉得很好,绝对不会说如果是女儿就不要了。”

尽管有长辈和亲友们的支持,但是对于是否增添第三胎的问题,钱园如今的态度十分坚定,明确表示不再考虑生育更多子女。“毕竟现在经济条件不允许,而且时间和精力也不够。不如把有限的资源给现在的两个女儿,毕竟多一个孩子就多一份责任。生育,生是简单,难在教育。而且我和我老公都是农村出来的,原生家庭条件不好,什么都需要靠自己去努力,就真的是很辛苦,难以兼顾工作和家庭。”但是钱园父母及祖辈认为生育与养育子女并不复杂,通常仅需满足基本生活所需,任由孩子们自然成长即可。特别是在乡村环境中,家长忙于农事劳作,不少孩子凭借自身的勤奋和毅力,同样考上了大学,最终也能在大城市立足谋生。她们并未了解到时代和环境的改变。

在许多坚持传统观念的老一辈人心目中,仍旧固守着“多子多福”的观念。然而,步入新时代的 90 后群体,在面对社会日新月异的变化与日益激烈的生存竞争压力下,对于生育子女这一重大事项的理解与抉择发生了深刻变革。他们对子女的教育投入、生活质量以及个人事业发展等方面的考量更为周详,由此衍生出了全新的生育观念与选择。“现在不像我们以前,不是说孩子努努力就行了,很多东西真的是靠家长。我们那会儿家长哪里会来管学习啊,现在不一样了,整个大环境都不同了,所以还是要注重质量,不能只看数量了吧。”

此外,可能是男性在育儿过程中通常投入较少的时间、精力,以及相对承担的风险较低,男性受访者们普遍未给出明确排除生育二胎的可能性,“这个要看我老婆的意思,毕竟还是她出力更多一些”,(杨梦婷丈夫)“我是还想再要一个孩子的,一个孩子感觉太孤独了”(王乐乐丈夫)。受访者李林峰则表示还有再生育的计划:“其实我们最近就开始在准备二胎了,不出意外的话想要三个孩子吧。因为总体来讲,我们带孩子也还是能够应付过来的,因为日本的社会保障比较好,对女性的生育比较友好,即使是她做全职妈妈也不会影响家庭收入。然后我现在也基本上都一直在家，带孩子的话也不会说就她一个人，也不会带得太累。"

总之，生育决策是一个牵涉广泛、意义深远的决定，每一对夫妻都需要经过深思熟虑，结合自身实际情况与社会环境，做出符合家庭利益和长远发展规划的明智选择。我们可以看到夫妻在做出是否再生育二胎或三胎的决策时，会考虑经济能力、家庭结构、个人精力、工作与育儿平衡、生育政策和社会环境等多方面因素。这些因素共同作用于个人的生育观念和价值观，最终形成具体的生育决策。

第六章　0—3 岁婴幼儿照护的社会支持

育儿社会支持是指在养育孩子过程中会处于一定的人际关系网络中，主要照护者通过与周围人员的互动，获得社会网络关系中的成员提供的支持与帮助。目前，社会支持的学术分类主要分为二维分类法和四维分类法，二维分类法较为常见。较为经典的分类法是将社会支持分为工具性支持和情感性支持，其中在育儿工作中获得的或客观可见的，比如婴幼儿所需的生活物资、金钱等属于工具性支持功能；而育儿过程中所感受到的主观体验，诸如被理解、被尊重、被安慰、被关心和被认可则属于情感性支持功能[①][②]。而从社会支持的主体进行划分，则可以分为正式和非正式两大类别[③]。其中，0—3 岁婴幼儿父母照护的正式支持主要包括政府或者是非政府组织提供的相关支持，包括出台婴幼儿照护相关的支持政策、增加“公益型”、“普惠型”的婴幼儿照护服务的供给等；而婴幼儿照护非正式支持的主体则包括与父母具有血缘、亲缘、地缘、业缘而形成的个人社会网络、社会关系成员。四维分类法则是由 Cohen 等人提出的，将社会支持从情感、信息、陪伴和工具四个层面进行划分，它在二维分类法的基础上增加了获得外界给予的育儿建议、评价和指导等的信息支持维

---

① 何姗姗，冯源溪．都市新任母亲育儿社会支持的理论模型构建[J]．中华女子学院学报，2022，34(1)：58-65.

② 李强．社会支持与个体心理健康[J]．天津社会科学．1998(1)：3-5.

③ 杨菊华．以强大的正式社会支持形塑流动人口的归属感[J]．人民论坛，2020，(2)：62-64.

度和获得与其他人交流和被接纳的陪伴支持维度①。随着信息技术的不断发展和进步，当前 0—3 岁婴幼儿父母的社会支持网络更趋多元化，不仅能从现实生活中获得如上所述的工具性支持和情感支持，也可以通过手机网络，从认识的虚拟社区成员处获得朋辈群体们所提供的信息支持、情感支持和陪伴支持等②③。

本书采用二维分类法，根据不同的主体，将育儿照护的社会支持分为正式社会支持和非正式社会支持两大类别。同时将国内外婴幼儿父母进行区分，分别了解两类婴幼儿父母所获得的社会支持的现状，探讨各自的社会支持需求和面临的困境，通过分析研究，提出有针对性的政策建议。

对访谈内容进行梳理和总结，可以发现本书中在国内居住的 0—3 岁婴幼儿父母所获得的社会支持与旅居海外的父母之间存在着差异，具体表现为：在国内居住的婴幼儿父母较为缺乏来自政府和非政府组织提供的正式支持，由祖辈、亲友等提供的非正式支持则更为充足，新手父母们对非正式支持的依赖性高。而旅居海外的父母的社会支持现状与国内父母则正好相反，政府和非政府组织提供了较为完善的正式支持，来自祖辈、亲友等提供的非正式支持更为弱化，他们对非正式支持的依赖性更低。以下将对不同家庭所获得的社会支持现状、需求和内在影响因素进行深入、具体地探讨。

---

① Cohen S, Wills T A. Stress, social support, and the buffering hypothesis[J]. Psychological Bulletin, 1985,98(2): 310-357.

② 阿布都热西提·基力力，王霞. 新手妈妈社会支持网络的多元化：一个文献综述[J]. 兰州学刊，2013(9)：76-80.

③ 周培勤. 学哺乳：基于网络社区中妈妈关于母乳喂养讨论的话语分析[J]. 妇女研究论丛，2019(5)：21-33.

第一节 正式的婴幼儿照护支持

一、国内正式的婴幼儿照护支持缺乏且不均衡

近年来,我国相继出台的多项与婴幼儿照护相关的政策措施提示了当前我国的婴幼儿家庭仍普遍存在婴幼儿照护服务不足的现状。尤其是缺乏由国家、市场、社会、家庭等多元主体共同参与、合力形成的“普惠型”婴幼儿照护服务体系。通过对国内0—3岁婴幼儿父母的访谈和相关研究的整理,笔者发现正式的社会支持依旧缺乏,而且存在地区和城乡方面的较大差异。以下将分别从政府政策、社区和就职单位等方面来具体探讨。

(一)政府支持

在政府层面,主要是通过出台0—3岁婴幼儿照护相关的政策措施来支持婴幼儿父母。国家政策层面陆陆续续出台过不少相关政策措施,包括生育补贴、生育津贴、育儿假、照护服务、个税减免和住房优惠等。本书中0—3岁婴幼儿父母享受到的福利保障并不全面,甚至有很多父母不了解相关的福利政策,也缺乏有效的资讯获取渠道。由于当前国家出台的婴幼儿政策福利主要是通过城镇企业职工的生育保险来保障的,对于没有“稳定”单位的广大农村家庭的婴幼儿父母们、失业、待业等人群来说,他们都无法享受到国家政策的福利保障。由此可见,不同家庭所能享受到的政策福利存在着较大的差异。

以生育津贴为例,生育津贴与单位人均月缴工资的金额和产假天数相关,大多数地区产假的天数都是按照国家规定的法定产假128天计算,生育补贴的金额=上年度单位人均月缴费工资÷30(天)×产假天数,如果一个女性生产休假前,单位上年度职工月平均工资基数是10000元,那她可以领取到的生育津贴约为10000元÷30天×128天=42667元,基

本可以和上班期间的工资收入持平，也就是说，可以享受到带薪休假的待遇。而且，就职单位的平均缴费工资越高，所能领到的生育津贴也就越多，甚至超过上班期间的工资收入。近年来，北京、上海和浙江等地还针对符合法律法规规定生育子女的夫妻新增了生育奖励假 30—80 天不等的福利，这也就相当于又增加了生育津贴，对于符合条件的婴幼儿家庭是一项实实在在的福利。但是对于没有交过生育险，或者由于工作变动，中途有过断缴的人群来说，这些都是没有办法享受到的福利，由此可见，政策层面的生育津贴支持也是有条件、不均衡的。

“我生孩子的时候因为是学生身份，也没有交过生育保险这些，所以我也就享受不到任何的生育津贴，都是自己花钱。”(郭婷)

“我生孩子和休产假都在老家，公司给买过生育保险，也领到了这边政府发的生育津贴。虽然每个月到手工资有 1.5 万元左右，但是公司不是按照实际工资的比例来交五险一金的，都是按照最低的标准来交，所以我生一个孩子大概领到了一万多元。不过也挺好的，要不然休假几个月一分钱都没有。”(钱园)

“我现在职级低，工资虽然不算高，但是体制内工作就这点比较好，都是按实际工资的情况来交这个生育保险的，而且因为是按照单位上年度职工月平均工资，领到的其实比我平常的收入要高一些了。我算是沾了人家的光了。”(杨梦婷)

“我们就是来城里打工的，我老公在这里跑外卖，我本来在超市卖东西，怀孕之后就没上班了。别说生育保险了，五险一金这些都是没有的，只在老家交了新型农村合作医疗，生孩子的时候是剖宫产，住院手术什么的报销了一部分，其他的就都是自费。但是我听本地人讲，人家单位好、工资高的，不仅生孩子报销得多，生育津贴能领到很多呢，真是羡慕不来啊，哎。”(林夕夕)

近年来，各地纷纷推出了针对二孩、三孩家庭的生育补贴政策，符合条件的家庭确实可以获得实质性的财政补贴，从而缓解育儿压力。然而，这些政策并非无条件覆盖所有婴幼儿家庭，而是设置了相应的限定标准。

以杭州市出台的“对二孩、三孩家庭发放补助，支持多孩家庭购买婴童产品及照护服务费用的支出，减轻养育负担”的政策为例，申请条件包含三项：①依照《浙江省人口与计划生育条例》等相关法律法规，夫妻双方共同生育的二孩或三孩家庭，且已按规定完成生育登记手续；②新生儿在杭州市进行户籍首次登记；③申请补贴的子女出生日期为2023年1月1日（含）起。在孕产补助方面，也对女方的户籍做了限制。如果是在杭工作的外来人口则无法享受此项福利。

“杭州还是很不错的，如果是本地户口，二孩家庭可以领到育儿补助和孕产补助一共有7000元，三孩家庭可以领到育儿补助和孕产补助一共有25000元。不过对于会选择生二孩和三孩的家庭的本地人来说，这点钱也只是锦上添花的事情，如果一孩家庭也能享受就更好了，毕竟没有一孩，哪来的二孩，三孩。”（郭婷）

“9月份申请的育儿补助，等了快3个月，今天终于到账了，感恩的心，感谢杭州市政府。”（林）

“我们是外地户口，今年生的老二也不能在这边落户，这些补助和补贴我们是享受不到的。然后我们老家又没有这方面的政策，感觉就是发钱也是给有钱的人发，我们缺钱但是又没有我的份。”（王欣）

“你说的这些补贴什么的我们都没有领过的，在我们乡下连听都没听过，大家也都不知道这个东西，反正就是自己生的孩子自己养，政府不可能给你钱的。”（李红）

另外，政策有时候会具有时效性，婴幼儿家庭能否拿到补贴全凭运气。“温州永嘉，以前生孩子还补贴500（元），我在2018年1月生的一胎没有享受到补贴，因为那个补贴政策到2017年12月31日就结束了。然后我现在生二胎也没有享受过补贴，之前那个政策结束就再也没出现过了，没赶上也是没办法。”（江心）

由此可以看出，政府在婴幼儿照护政策层面做出了积极努力，然而，实际执行中存在福利不均现象，主要体现为收入水平、职业身份、户籍状况、参保情况及政策时效性等因素造成的差距。此外，信息不对称问题也使得部分家庭未能充分受益于现有政策。这些问题揭示了政策设计与执行过程中需要进一步优化公平性、普惠性与透明度，以便更有效地支持所有婴幼儿家庭应对育儿压力。

(二)社区支持

社区是指由特定地理区域内或通过共同兴趣、价值观、文化和活动聚集在一起的人们组成的社会群体。中国的社区通常指经过社区体制改革后调整了规模的居民委员会辖区，涵盖居民的日常生活、社会互动和服务支持等多方面内容。在同一个社区内，人们的文化、习惯、信仰、心理和行为方式等方面，有着许多一致的背景和一致的利益①。

社区层面对0—3岁婴幼儿家庭的支持主要体现在社区医院提供基础的建档、体检、孕产知识讲座、产后指导以及儿保检查和疫苗注射，以及社区提供的"普惠型"婴幼儿照护中心和"宝宝屋"等。但是当前社区层面所提供的婴幼儿照护服务支持和国家政策支持类似，也存在着支持力度有限、地区差异巨大、服务质量参差不齐等问题。0—3岁婴幼儿家庭对于社区所能提供的服务的了解程度也存在很大的差距，知识文化水平较高、家庭经济条件较好的婴幼儿父母更能积极主动地获取社区服务资源，享受社区所提供的支持；知识文化水平较低、家庭经济条件较差的婴幼儿父母则更难获取社区服务资源，甚至对于社区服务的意识也非常模糊，所以也就难以享受到社区所提供的服务和支持。只有诸如社区医院建档、婴幼儿疫苗注册等会影响到生育和婴幼儿入园入学的项目，才能实现服务的广泛覆盖。

"在农村老家生孩子的时候，村委的人会来家里问一下，和我们说要我们去填个材料什么的。现在来了城市里，我们也搞不清楚居委会是干什么的，平时很少和她们打交道的，只知道产检、生孩子去医院。社区服务肯定是没有享受过的，说实话，社区是个什么东西我都不太清楚，嘿

① 黄怡.社区和社区规划的潜在社会维度议题揭示[J].城市规划学刊，2024(5)：34-39.

嘿。”(林夕夕)

“我们这边居委会的工作人员都是一些本地的大妈大爷，有时候去问个事情态度也很差，所以也就很少过去，也不知道有没有什么服务支持。”(李梅)

家住上海的“西西妈妈”在准备生孩子时，特别关注了居住地所提供的社区服务。“嘿，说起第一次跟社区机构打交道，那还真是从小区的居委会开始的。当初怀第一胎的时候，我两口子对那些手续一窍不通。后来在‘小红书’上刷到，说是得先办个计划生育服务证，也就是准生证。于是我们就去找居委会的大姐咨询，结果人家阿姨对最新的规定也不是很清楚，让我们去街道办事处问问看。到了街道办事处一打听，人家工作人员告诉我们，现在呀，那个准生证已经不需要办了，省事儿了。她让我们直接去社区卫生服务中心建个小卡就成。所以，我们又带上我和我老公的身份证、户口本、结婚证，还有医院做的孕检单子去了社区卫生服务中心。一到那儿，工作人员手脚麻利地在电脑上把我们的信息录入进去，眨眼工夫就把事情给办妥了，还送了我们一本《母子健康手册》和《健康孕育新生命100问》。

更贴心的是，那个工作人员还主动加了我的微信，还推荐我们关注区妇保所的那个‘优生优育大课堂’公众号。说到社区提供的优生优育服务，那可真是细心周到。社区卫生服务中心的工作人员会定时发消息问我产检的情况和身体状况，到了怀孕28周的时候，还特地提醒我要留意胎动，还亲自教我怎么数胎动。生完孩子后，也有工作人员关心我坐月子怎么样，还告诉我社区医生会上门来给我们娘俩做个全面体检。记得是在产后的第一周和第三周，社区医生真的上门来了，给娃量了身高、体重，还仔细查看了黄疸的情况，对我自己的身体恢复情况也做了检查，还耐心地教我怎么照顾新生儿，比如喂奶、哄睡、换尿布那些事儿。还有那个‘优生优育大课堂’，他们搞了不少免费的课程，像是‘医＋教’的亲子互动游戏课啦，孕早期保健知识讲解啦，分娩模拟演练课啦，孕期健身锻炼，骨盆稳定和核心力量训练课，还有那个‘越自洽越幸“孕”’的心理调适讲座，以及关于宝宝健康成长的各种讲座。这些课程五花八门，有的可以在网上参加，有的得去区妇女婴幼儿保健所实地学习。我自己就参加过几回，不管是听课还是练体能，都觉得挺不错的，讲的东西实用，组织也很到位。”

在 0—3 岁婴幼儿的社区照护服务方面，上海市通过建立宝宝屋（上海话的谐音就是“抱抱我”）促进社区照护服务发展，为 1—3 岁的幼儿家庭提供公益性的临时照护服务。幼儿家长可以通过手机 App 选择离家最近的社区宝宝屋进行预约，上海 15 个区目前已建成了 240 所宝宝屋（截至 2013 年 12 月），托位 2.4 万个，可以提供不少于 12 次的免费照护服务，超过 12 次的部分可按公益价格继续享受服务。但是这些宝宝屋都设有固定的服务时间，一般分为 9:00—11:00 的上午时段和 14:30—16:30的下午时段，也有按场次和单双日来区分的宝宝屋。基本面向的都是 1—3 岁的幼儿，没有为 1 岁以下提供照护服务的宝宝屋。宝宝屋的运营状况在不同地区呈现出显著差异。实地调研发现，无论是新建还是老旧小区，宝宝屋的硬件设施普遍得到了改善，多数利用了党群服务中心、文化中心等公共资源进行了升级改造。然而，运营质量方面却参差不齐。一些宝宝屋通过引入专业第三方机构，聘请了育婴师和早教指导师，为参与社区活动的家长提供婴幼儿照护指导和亲子活动体验。这些宝宝屋通常人气旺盛，需要家长提前预约。例如，江宁路街道蒋家巷社区的宝宝屋，就通过结合中国传统文化元素，设置了手工区、阅读区、衣柜区、烹饪区和游戏区等多功能区域，以及户外的亲子互动游戏，如“吹泡泡”、“捕鱼小达人”、“涂鸦迷宫”和“解救小动物”。区早教研究指导中心的老师们还会在现场提供活动指导，帮助年轻父母们学习如何培养幼儿的早期能力，享受与孩子的亲子时光。相比之下，有一些社区的宝宝屋则缺乏专业管理，仅由一位普通阿姨在规定时间内负责清洁和整理，家长和孩子在宝宝屋内自由活动，缺乏组织和指导，导致这些宝宝屋的吸引力不足，参与度较低。

国内一、二线大城市在婴幼儿社区照护服务方面都在进行积极的探索，比如杭州自 2021 年开始在全国首创了“婴幼儿成长驿站”的服务模式，通过打造“15 分钟婴幼儿照护服务圈”，引导婴幼儿和家长在成长驿站中体验、学习和成长。到 2022 年底，杭州已有 428 家婴幼儿成长驿站建成投用，尤其是拱墅区的“阳光小芽儿”社区婴幼儿成长驿站，以“社区普惠＋市场运作”的模式取得成效后，逐年推广。

“我们家楼下就有婴幼儿成长驿站，可以带孩子过去玩，有很多的婴幼儿绘本、玩具等，会有专业的老师给我们一些游戏的指导，而且定期会有育儿方面的讲座。我带孩子去参加过几次，我觉得蛮不错。”（郭婷）

目前国内的大部分中小城市和农村地区，没有针对 0—3 岁婴幼儿的社区照护方面的服务，甚至有些地区的公职人员也对此不太了解，普通的民众更是闻所未闻。

“我们这种小地方，什么制度也都还不完善，不会说像大城市一样，还有什么给你当面指导什么的，什么都没有，我们同事是专门负责街道居委会工作的，刚生了二胎也不了解社区照护。因为上面没有相关的政策，也没有经费和具体的指导。”（杨梦婷）

由此可知，社区在 0—3 岁婴幼儿家庭支持中扮演重要角色，提供了基础医疗服务与照护服务的功能。然而，服务的实际覆盖与质量受到家庭背景、地域发展、社区运营等多种因素影响，呈现出显著的不均衡性。特别是在城乡差距中，一、二线城市已开始创新并推进婴幼儿社区照护服务体系建设，而中小城市与农村地区则面临服务供给严重不足、公众认知度低的问题。这反映出我国婴幼儿社区照护服务的发展仍需进一步加强政策引导、资金投入与普及宣传，以提升服务的普惠性和均等化。

（三）医院支持

与社区卫生中心和家庭医生的支持不同，本书中关于医院的支持，特指综合型的医院或者是婴幼妇的专科医院，即能够开展孕期产检、新生儿接生等项目，规模较大的医疗机构。

医院对于 0—3 岁婴幼儿及其家庭提供的医疗支持，始于对孕妇进行健康管理及分娩服务，延续至新生儿阶段的初步的健康评估与疾病预防。

此外，这一支持体系还涉及婴幼儿成长过程中的持续健康监测与医疗服务。尽管全国范围内大多数父母都会遵循国家长期推行的优生优育政策，定期到医疗机构接受孕期检查，但不同地区的医疗服务水平仍存在一定的差异。即便准父母们选择在其户籍所在地之外的医院进行产前检查和分娩，只要他们办理了所需的相应证件，医院也应为其提供必要的医疗服务。例如，如果外地居民在北京期间怀孕，只要完成了必要的登记手续，北京的医院同样会为她们提供产检和分娩服务。只需要持有居住证/居住登记卡原件（租房或者寄宿借住也可以办理），男女双方的身份证原件和医疗机构开具的血/尿/B超妊娠化验单（三选一即可）和居住所属的社区领取的母子健康手册，就可以到自己想去的医院产科进行建档，并预约每次的产检。

如果是在户籍所在地就医，相关的手续还会更加简便一些。产检方面，医院提供的产检一般是 9—13 次，通常首次产检的时间是在孕妇停经后的 6—8 周左右，在孕 28 周之前是每 4 周产检一次，孕 28—36 周之间每 2 周产检一次，孕 36 周以后每周产检 1 次。每次产检除了常规的测量血压、体重、宫高、腹围和胎心、血常规和尿常规这些检查项目外，不同的孕期会有不同的项目，比如孕 11—13 周会进行 NT 检查、早期唐氏筛查或无创基因检测；孕 20—24 周的时候要进行胎儿畸形筛查和骨密度检查；孕 24—28 周会进行孕妈糖尿病筛查检查等。虽然医院都能够为孕妈妈提供孕期产检，但是在不同的地区和不同的医院，孕妇的产检就医体验仍存在着较大的差距。

“从孕前检查到现在快三十周了，每次遇到的医生都很好。检查糖耐有问题也是立马就让我去复查，我想拖两天医生都不让。自己不清楚挂了普通号，普通门诊医生看了检查结果就临时给安排去高危门诊，高危门诊的主任医生还让我去把普通门诊的挂号费退了。后面再检查指标正常了就没有打电话来了。”（小可）

“省妇保真是人多地方小，生老大的时候每次产检都找不到停车位，哪怕是挂特需也没有车位。然后等也要等蛮久的，但是医生检查看报告特别快，而且态度冷漠，每次都是我问她答，非常着急的样子，看都不看我一眼，就对着电脑开单子写病历。体验感非常差，所以怀二胎产检果断选私立了，宁愿多花点钱买好的服务。”（丽丽）

“公立医院虽然会遇到态度不好的情况，但是安全一些，尤其是年纪大的孕妇，万一有问题，全科三甲医院基本能处理。私立医院去过，就觉得她们不太负责任，每次都是推销她们医院的各种套餐，态度虽然好，但是技术不过关，所以我果断转到公立医院了。”（毛豆妈）

由此可见，医院作为0—3岁婴幼儿照护的重要支持机构，尤其是在孕期检查与新生儿接生中发挥关键作用。尽管国家推行优生优育政策并规范孕期检查流程，确保了基础医疗服务的普遍覆盖，但医院间服务质量、就医体验的显著差异，以及患者对公立与私立医院的权衡选择，构成了该领域的核心议题。这些问题反映出我国医院在提供孕期检查及新生儿服务过程中，需进一步提升服务质量与标准化水平，同时平衡医疗资源分配，以满足不同群体的多元化需求。

（四）就职单位

目前，国家相继出台各种保障女性生育权益的政策和法律法规，比如延长产假、增加生育津贴等。但是在现实生活中，很多单位“抵触”女性员工怀孕生产，认为女性在怀孕和休产假期间会影响工作效率，增加单位的用工成本。因此，来自就职单位的生育支持较少，甚至有些单位不仅不提供生育支持，还会有生育惩罚。女性员工在怀孕或休产假期间，按照法律的规定虽然不会被开除，但职业前途往往会受到影响，可能会面临晋升无望、被调离岗位等不公平待遇。

“都说职场对女性不公平，虽然政策保护了大部分处在孕期、产期和哺乳期这三期的女性权益，但是实际工作中却最容易遭遇不公平对待。即使是在‘大厂’，女性也是默认的背锅侠，产假休完回归职场后，虽然还处在哺乳期，但是也要尽力适应工作节奏，即使有哺乳假可以提前或晚来1个小时，我也没有申请，尽心尽力把工作做好，负责的项目也做的比较好，取得了不错的成绩，绩效评估在中上水平。但是在季度绩效排名的时候，小组长找我谈话，要我接受这个季度排在最后面，因为我现在有假期保护，对大家都好，不是因为能力不足。然后年终奖也会因为休产假而打折扣。”（玉儿）

即便是公办单位的女性职工，也可能同样面临生育歧视，博主欢姐表示：“虽然是国企，但是也一样面临着生育歧视啊，产假结束后回原单位，领导就想劝退我，找我谈话，但是也不明说要辞退我，就想劝我自己主动离职，看着实在劝不动，就给我调岗降薪，想让我知难而退，还不想给补偿金。”（可儿妈）

与企业相比，政府部门和事业单位可能对生育女性更为友好一些。受访者杨梦婷是一名乡镇公务员，哺乳期间每天带着儿子和育儿嫂一起到单位上班，对于这种情况，她的领导和同事也都能表示理解，知道她带孩子的不易，也并不会有什么异议。“在乡下其实有很多人都是我这种情况，就比如说我有一个同事，她是另外一个乡镇的公务员，她也是每天带着孩子在单位上班，不过她是把她自己的婆婆带过来帮她照顾一下小孩子，到断奶了才没有带着来上班，大家也都知道，也理解这个事情。”（杨梦婷）

对于女性而言，似乎很难真正做到平衡工作和生活，职场母亲总是要面临更多压力和挑战，也就是常说的要面临“母职惩罚”，即女性在成为母亲后可能面临职业和经济的挫折，具体表现为女性因怀孕、产假、育儿期间的工作休假或家庭照顾责任而受到职业和薪酬方面的不公平对待。诺贝尔奖经济学奖获得者劳迪娅在著作《事业还是家庭》中提出：“哪怕是最富裕的夫妇，也无法将所有的照护事宜外包。”而那些无法外包的事情几乎都成为母亲的职责。女性不得不为了孩子和家庭暂停自己的事业，收入也开始与男性拉开距离。尤其是子女在 0—3 岁阶段，因为孩子的照护需求高，在没有足够的外界支持的情况下，其父母（母亲为主）的工作会受到较大的负面影响。

由此可知，尽管国家法律政策致力于保障女性的生育权益，但现实中女性仍饱受职场歧视与母职惩罚困扰,特别是在企业环境中,生育与职业发展的矛盾尤为突出。相比之下,政府部门和事业单位对生育女性较为友善。这一系列现象揭示了社会对女性角色的固有期待、性别分工的不平等以及现行劳动制度对家庭友好型就业环境建设的不足。

二、发达国家正式的婴幼儿照护支持更加完善

与国内不均衡、支持度不足的正式婴幼儿照护支持不同,发达国家的正式支持较为完善,对婴幼儿家庭的福利补贴不会有明显的区域差异和城乡差异。典型福利国家的补贴政策已在前面的章节具体阐述过,因此不再赘述。本节主要是通过采访居住在发达国家的几位婴幼儿家长,了解其所获得的与婴幼儿相关的正式社会支持。

(一)政府支持

在日本,即使是外国人身份,也可以享受到与本国国民相同的待遇。张玲玉现在虽然是全职主妇,丈夫就职于日本的大型企业,但是她也可以享受免费的产检服务,孩子出生后每个月也领到了1.5万日元的补贴,丈夫的公司每个月还给发放5000日元的育儿津贴,“每个月有2万日元(约979元人民币)的育儿金,是他基本生活所需的,包括像奶粉啦、尿不湿啦,还有一些婴幼儿食品之类的,这些东西也就够了,这边奶粉也便宜,也是政府有补贴过的。而且如果家庭收入过低,没办法养孩子的话,还可以向政府申请一些婴幼儿用品”。

在韩国,政府也会为婴幼儿家庭发放孕妇产检费、孕妇交通费、父母津贴、婴幼儿津贴等基本补助,甚至有些地区会发放生育奖金,比如韩国仁川市为鼓励生育,发放1亿韩元(约55万元人民币)的基本补助,最高可以获得3.4亿韩元的奖金,奖金内容除了基本的补助外,还包括初次见面奖和大学前的教育费用等,在孩子18岁之前发放完毕。受访者金善贤也得到过政府的孕产补贴,“我当时怀孕后国家就补助了一些钱,先是收到了50万韩币,用来支付检查的费用。因为我是高龄产妇,所以这些补

贴的钱就还会缺少一点点。我的情况就有点特殊，因为我的年龄的关系我会更担心，然后怀孕的时候又是新冠疫情期间，然后就会做更多的检查。如果是年轻一点的妈妈，基本上收到的政府补贴就够用了。然后孩子出生后也会有补贴，可以用来支付孩子日常的饮食和尿不湿的费用”。

在加拿大，孩子出生后，政府会根据每个家庭的收入给孩子发放牛奶金（育儿补贴的说法）。王乐乐说：“像我们的话，一般来说最高是 1 年可以领 6000 加币（约为人民币 3 万元）的牛奶金。收入越高的家庭能领到的牛奶金也就越少，因为我休假期间也能领到原本工资的 55%，平常我的工资是需要扣除 30%多的税。实际到手的钱其实和上班也差不多，所以我们家孩子能领到的牛奶金就不多了。”

瑞典的政策与加拿大的政策略有不同，虽然两国的托班都可以接收很小的孩子，收费标准也会根据家庭收入有所差距，但是瑞典要比加拿大的收费便宜很多。“像加拿大一般来说普通的托育园和幼儿园的费用大概是一个月 1800 加币（折合人民币 9000 元），还是很贵的。但是一般都会有补贴，就在前两天刚出台了一个政策，加拿大政府说要给所有的幼儿的托育费用每个月减 550 加币，算是减得蛮多的，但是算下来也挺贵的。另外还会根据每个孩子的家庭收入再进行减免，最多减 1000 加币。像一些家庭收入低的孩子，可能上学就不用钱了。不过对于大多数的中产收入家庭大多都是减免 500—800 加币。但是瑞典这边就更便宜了，我了解到这边的收费一个月最高不能超过大概 800 多人民币，而且这个还包含了早餐、午餐和下午茶。瑞典的福利待遇感觉比加拿大要好很多，可能主要还是这边人太少了。所以我打算等宝宝 1.5 岁左右就送他去托育机构了。”虽然王乐乐她们一家还不属于瑞典当地居民，但是也享有和当地孩子基本同等的福利待遇，比如可以享受当地的免费医疗补贴，尤其是牙齿的治疗，甚至在 24 岁之前都免费。

在法国，政府也是根据每个家庭的收入给孩子发放补贴，受访者赵星介绍：“法国这边是按照收入来发放育儿补贴的，我们家因为家庭收入比较高就不能享受补贴。但是我的一个朋友他有 4 个小孩，他每个小孩开学的时候,政府就会给他们发三四千欧元,相当于两三千元人民币用来买学习用品之类的。我们家都得自己买,这边所有的福利政策都是跟你的家庭收入挂钩的。各个家庭之间好像都感觉不到太大的贫富差别,不管是穷人还是富人的小孩,基本上在学校也都是一样的,不会被区别开来。反而如果家庭收入高的话,给孩子花钱的时候你会觉得好贵,因为没有补贴,就会感觉跟人家比起来就心里有点不平衡。"而且,法国的税收制度和日、韩、加、瑞几个国家一样,都会保障全职妈妈们的权益。"如果我上班的话我们家庭的税费就会特别高,因为我老公的收入就已经很高了。我如果去上班,我们家就会被政府收太多太多的税,还不如我不上班,哈哈哈……包括小孩上学的费用也是按照收入来的,家庭收入越高要交的钱就越多。我们家小孩在学校的伙食费也是比别人家要贵的,如果家里没有钱的话那孩子在学校吃饭也是免费的,学校完全是按家庭收入来分梯队收费。其他很多方面的消费也会和家庭收入挂钩,所以我们算了一下,如果我去上班反而划不来。另外现在小孩也还小,而且孩子的爷爷奶奶和外公外婆也都不在身边,家庭情况也不允许我去上班。所以暂时就先这样吧,可能等小孩大一点之后会再去上班。"

以上几个发达国家,虽然对于婴幼儿家庭的补贴方式有些许的差异,但是基本上都通过现金补贴的方式支持婴幼儿家庭。国家制定统一的政策,对居住在本国内的所有婴幼儿家庭实施补贴,并结合家庭收入适当调整额度,做到尽量的补贴均衡。

综上所述,发达国家通过政府支持体系,为婴幼儿家庭提供全方位、多层次的补贴与福利,包括现金补贴、医疗保障、教育支持等,旨在减轻家庭经济压力,保障婴幼儿健康成长,并通过与家庭收入挂钩的补贴政策,实现补贴均衡分配,维护社会公平。同时,部分国家通过税收优惠等措施,鼓励母亲在孩子年幼时专职育儿。这些举措共同构建了较为完善的婴幼儿家庭支持系统。

(二)社区支持

本书中几位居住在国外的受访者,在谈到自己在怀孕和育儿的过程中所获得的社区支持时，分别从社区环境、社区保育、社区医疗等方面进行了阐述。

王乐乐表示自己之前居住的社区就属于育儿友好型社区，城市规划按照"5 分钟生活圈"进行，即距离住宅区步行 5 分钟的范围内一定要有一块绿地或者一个公园，并配置各种不同类型的婴幼儿娱乐设施设备。"这边的社区环境都比较好，我家周边的婴幼儿设施比较多，我以前就经常带孩子去参加各种活动，而且宝宝的这些活动都是不要钱的。就比如说，我家旁边的图书馆就会举办一个叫 Baby time 的活动，每周都会有老师在那里和孩子一起唱歌、跳舞。另外早教中心也都每天开放，每天都可以把孩子送过去，能够帮助他以后慢慢适应幼儿园的生活。"而且，不论是加拿大还是瑞典，所居住的社区都会设有早教中心，为居住在当地的所有婴幼儿提供免费的早教，"家长可以带着孩子一起去早教中心，每天大概都有 3 个小时的免费开放时间，那里会有专业的老师带着孩子唱歌、看故事。比如在加拿大，会有一些小花园，老师会带着教你一些花园的知识，大点的孩子可以一起种点菜，会组织很多的活动。最近就更好了，还会经常带孩子们去森林，教孩子们认识很多不同的颜色，去农场认识很多不同的动物，因为加拿大有很多农场。北欧这边可能就做得更好了，包括芬兰和瑞士这些国家，都是高福利国家，孩子又少，很注重早期教育这方面"。张玲玉所在的日本的社区为其提供的社区保育活动，不仅极大减轻了她经常独自照护孩子的负担，也给孩子提供了一个较好的社交和成长环境，"我儿子在出生后基本是我自己一个人带，我老公经常出差，那时候真的是累啊。日本这边如果父母都是双职工的话，孩子一出生就可以送到保育园去的，收费也比较低，根据家庭经济收入水平来定价格，都能负担得起。但是我们家是我自己没上班，觉得太小送去也不放心，怕他长大后会没有安全感。所以直到孩子 1 岁的时候才开始送到保育园，送去了之后就感觉轻松不少，对孩子也挺好的，不然每天他就跟我在家，也没有什么玩伴。我们在这边毕竟跟人家日本人不一样，人家本地人可能认识的人也比较多一些，孩子接触的人也会广一些。我家的话就我自己一个人，和他天天大眼瞪小眼的，感觉对孩子的成长也不是一件好事。而且他精力太好了，会想要别人陪他玩。他和其他小孩又不一样，更需要抱抱或者什么的”。如果孩子没有什么特殊情况，张玲玉就都会把孩子送去保育园。将孩子送过去之后，她就有时间可以做一点自己的事情，通常都是在每周的工作日安排三天的零工，然后空出两天时间休息一下，“我自己一个人在家稍微能喘口气，看看剧或者是干点其他的事情”。

日本的保育园通常是从早上七点半开始，直到下午六点半结束，这种作息时间对于双职工家庭而言就非常友好。李林峰介绍，“前段时间我老婆已经去看了两个保育园了，现在还在慢慢地了解，打算明年 4 月的时候就送孩子去保育园了。早上送过去，等到我们下班去接就可以了，这样就能够减轻很多压力，我老婆也可以回公司上班了”。虽然日本的女性多为全职或兼职的妈妈，如果没有什么特殊情况，在孩子还比较小的时候，大家也不会把孩子放在保育园太长时间，家长们一般是在早上八点到九点之间把孩子送过去，然后下午四点到五点半之间把孩子接走。保育园的老师们有时候会拍些小朋友的日常照片，放在网站上供家长查看和下载。另外，每天还会有家校联络本，上面会较为详细地记录孩子每天在园的活动内容和表现，家长们也比较放心。

在社区医疗方面，社区卫生中心和家庭医生也为婴幼儿家庭提供了很好的医疗支持。受访者赵星在法国有两次生产经历，每次生完孩子回家后，社区都会派出专业人士上门指导，“社区医护人员会定期到家里来看看情况。因为我侧切了有伤口，医生就会给我检查伤口的恢复情况，也会跟踪测量一下小孩的体重，看看是否符合发育的标准”。日本、韩国和加拿大的社区也都提供了类似的医疗服务支持。李林峰说：“我老婆刚生完孩子之后，社区里会有工作人员来为大人和孩子做检查，并提供一些育儿方面的知识。孩子大一点之后，一般有什么小毛病的话就去家附近的儿科诊所，如果有需要的话就去市里更大一点的医院。不过到目前为止家旁边这个儿科诊所基本就能够满足我们的需求了，主要是定期体检、打疫苗什么的。我们都会提前预约一下，按约定时间去就可以直接看了，不会因为有太多人需要花太长的时间等待。”

综上所述，国外受访者所在的社区在环境、保育、医疗等方面为婴幼儿家庭提供了全方位的支持。这些支持措施旨在创造有利于婴幼儿身心健康发展的社区环境，减轻父母育儿压力，确保婴幼儿得到专业、及时的医疗保健服务，从而构建一个全面、便捷、贴心的婴幼儿社区支持体系。

（三）医院支持

日、韩、加、法等发达国家，医疗条件好，在产检和生育方面能够提供更为优质的支持。受访者张玲玉的整个孕产期和产后修复期都受到了新冠疫情的影响，丈夫在外地出差不能回家，家人和亲友也都在国内无法照顾她，因此从怀孕到生产几乎都是她独自一人度过的。得益于日本完善的助产助孕等医疗设施和服务，她和绝大多数的日本妈妈们一样都是独自一人到医院产检。在当前高龄少子化的背景下，孕产妇人数较少，每次产检都会有专门的服务人员帮助引导，如孕产妇有感觉到不适，医院会有专业人士进行特别照护，而且都采用提前预约制，不需要等待太长时间。张玲玉在顺利生产完后，可以根据自己的需要和经济情况来选择不同的产房休息，产房通常分为单人间、双人间和四人间等，价格大致为每晚200—600元，单人间最贵，不同的医院的住院收费标准会有些许的差异。在设施条件方面，各地都差不多，偏远县市医院的产科和东京、大阪等大城市医院的产科之间不会有特别大的差异，设施设备都比较完善。而且这些住院费用的大部分也都可以通过保险或补贴覆盖掉，不会因个人的保险或社保等原因而存在报销差异，即使是外籍人员也能够同样享受生育福利。张玲玉说：“我当时生我儿子的时候人比较多，因为是在大城市，单独的病房已经没有了，就是和其他人一起住的，同病房的人都比较冷漠，也没有什么交流的。怎么说呢也看运气，与其他人同住的话就看遇到什么样的人吧，我之前因为孕反比较严重也住了差不多一个星期的院，那个时候那个院病房里的人就都挺好的，因为其他人都是年纪稍微大一些的，都将近40岁了，就像邻家大姐一样那种感觉的，她们就会比较会想跟你聊天之类的。所以那个时候的体验感会好一些。”

赵星在法国的医院生孩子的时候，医院也会提供一些免费的母婴用品，用于减轻家庭负担，“在这边生孩子的话每个月的产检全部都免费，包括去医院生孩子也不需要自己花钱。另外，奶粉也不要钱。宝宝刚出生的时候，我的母乳还非常少，大概一两周之后母乳的量才会上来，在此期间医院都会提供免费的奶粉，而且是已经冲泡好的那种类似母乳的奶粉，可以直接给孩子喝。还有孩子用的尿不湿、纸巾啊什么的都是免费提供，而且出院的时候还可以把这里面的东西全都带走，反正就还蛮好的”。在医院住院休养期间，她也因为丈夫公司买的保险种类比较好，居住独立单间也能够报销，“当然也不是所有人都是单间，像我当初住单间也是因为和家庭所购买的保险有关系，单位给一般员工买保险的时候会给员工的全家也一起购买，所以我那会儿住得比较舒服。住院期间，专业的医护人员会指导新生儿父母如何照顾，包括喂养、沐浴、抚触等，我们在医院里的时候会有人教你该怎么带小孩，就像一个产后培训，然后要让她们觉得你能把小宝宝带得很好了，爸爸妈妈都做得很好，通过她们的考核吧（笑）才会让你出院。住在医院里反正也不要钱，而且有专业的人指导，所以生两个孩子都在医院大概住了一周多”。对于新生儿出现的各种症状，医院也都是提供免费的医疗服务，“我家老大刚开始出现黄疸，体重掉得比较厉害，医院就不让出院，在医院里晒蓝光什么的，大概一周就恢复正常了”。

王乐乐腹中胎儿在妊娠第五个月时出现了肺部囊肿的严峻状况，这一突如其来的健康问题引起了医疗团队的高度重视。她的家庭医生一直给她检查、监测，当地的妇科医院还专门组建了一个医疗团队专门监测她肚子里的孩子。“每周我都要去她们那里做检查，他们每周都会给我做B超，去测量孩子肺部囊肿的大小。再后来呢还给我们进行专家会诊，给我们讲孩子现在的情况是什么样的，安抚我不用担心。因为情况比较好，专家会诊持续到28周之后，就改成了每两周去一次，一直到生都是在检测观察着。”直到孩子出生后，她还是定期去医院给宝宝做B超、做检查，所有一切花费也都是免费的，好在她儿子的情况很稳定，肺部的囊肿也很小，因此无需过多的担心，医院方面也会继续追踪。医生也解释这种情况有可能很多人都有，只是因为以前没有这么好的医疗条件可以进行如此精确的检测，但其实很有可能对个人的生活是没有任何影响的。“但是，哎呀，毕竟作为妈妈，尤其是新手妈妈，那时候心情就非常担心。但是当时感觉医疗团队都特别重视这件事情，而且全都给我免费。我觉得就真的很好，比如说去做B超就每周都去做B超，都不怎么排队就可以做上，因为很少人去排队。”除了王乐乐遇到的这种较为特殊的情况外，在怀孕期间通常可以选择不同的孕期指导服务。一种是选择妇科或者产科医生作为自己的家庭医生，孕妈可以定期到医生的诊所去检查，医生会根据检查的结果给出相应的建议。另一种选项是选助产士，虽然不是专业的医生，但也是专业的注册护士，每周会上门给孕妇讲解一些孕期的知识和护理的方法等。她个人感觉产科医生要更为靠谱一些，因而选择了产科医生。后面，她在加拿大的医院住院的几天里，护士也会教新手爸爸妈妈如何给宝宝洗澡、如何换尿布、喂奶等。医院里也会免费提供比如说尿布、毛巾、卫生巾、一次性内裤等。尤其是婴儿配方奶，只要和护士说一声，护士就会把奶冲泡好，送到房间里来。医院方面给她们家提供了很完善的医疗支持。

总体而言，高福利国家的医疗支持都很充足，而且比较均衡，各种设施条件也都比较好，还能够提供很多免费的母婴用品，产后对母婴的医疗照护服务情况也比较好。“小红书”用户萌萌的两次生育分别是在日本和上海的公立医院，“要说两次生娃的感受，从医疗技术这块来看，两次其实都挺靠谱的，医院都能提供相当高的医疗服务质量，感觉差别不大。不过，在费用这方面，日本生娃可是实惠不少哎。在日本那边，14次产检全免，生娃的费用政府能报销七成以上，连独立产房和饮食的花费都比国内大城市公立医院的还便宜。在国内，产检和生娃虽然也能报销一部分钱，但要是想要个独立产房，那价格上千不说，还贼难抢订。至于服务体验嘛，两国之间区别可就大了去了。在日本，无论是做产检还是生娃的时候，那待遇和服务真是没得挑。甭管啥时候，护士、护工还有医生对孕妇的态度都特别友好体贴。他们对保护孕妇隐私这块做得更是细致入微。就拿做阴超来说吧，检查室设计得就像有两扇门，医生从一边进，孕妇从另一边进，中间还挂着粉色的帘子遮挡视线，保证双方互不见面。孕妇只需坐在能自动旋转的舒适椅子上就能完成检查，这样一来，医生只能看到需要检查的部位，避免了不必要的尴尬场面。就算是做腹部 B 超，那里的医护人员也都超级细心，会提前准备好干净整洁的盖被，确保女性的隐私得到充分尊重。就算碰到的是男性的妇产科医生，也没啥不好意思的，因为全程操作的是女护士，避免了与男医生有肢体接触，所以安全感满满的。但是，国内却都是和医生面对面的。而且，在日本生完孩子住院那段时间，医院的规定是这样的：到了晚上八点，家属必须得离开，不能留在病房里。如果产妇觉得累了，想好好休息，只要跟护士说一声，护士就会把小宝宝抱到护士站去照顾，一切安排都是为了让产妇能够更好地恢复身体，舒舒服服地休养。但是在咱们国内的公立医院，这种服务可就不常见了，大部分情况下，家属得一直陪着，不能像日本那样晚上离开。除非你舍得花钱去住那些高级的月子中心或是私立医院，才能享受到类似的专人托管服务”。当前，在国内女性隐私保护方面的确有待加强，特别是在人流密集的公立医院环境中，理想中的“一对一就诊”模式往往难以贯彻执行。即便许多医院采用了先进的叫号系统，但在实际诊疗过程中，医生诊室的门往往处于敞开或半敞开的状态。特别是在进行阴超这类涉及高度隐私的检查时，尽管设置了帘子作为屏障，但其设计和布局可能并不尽如人意。医患双方通常在同一区域内，帘子并不能有效隔绝外界干扰，检测仪器甚至可能置于帘子外部。这样一来，很容易发生他人无意间闯入的情况，严重影响了女性患者的隐私保护，让原本应该宁静、私密的诊疗环境变得十分尴尬和不适。受访者钱园就有过类似的尴尬经历，“一次在做检查的时候，突然有一位男医生经过 B 超室，真是吓了一大跳。有受访者还提到自己去产检时，突然遇上主任医生带着一群规培生来检查，隐私被暴露在一大群人面前，真是尴尬到无处可逃”。

综上所述，发达国家的孕产医疗服务体系在医疗条件、产后修复与母婴照护、人文关怀与隐私保护等方面表现出高度的成熟与完善，为孕产妇及其家庭提供了全方位、高品质的支持。与之相比，国内孕产医疗在费用、服务、隐私保护等方面存在不足，有待进一步提升与改进。

（四）就职单位支持

王乐乐虽然休产假时间较长，但是并不用担心公司会因此而将她裁员，法律保障了公司一定要为休产假的人员保留职位，并且真正地按法律规定实施。而且平常上班的时候，大家也都能够把工作和生活很好地区分开，员工之间都不会互相留私人电话，工作上的事情都是通过邮件联系，而且只需在工作时间查看和处理邮件即可，可谓是极大地保障了个人的生活时间和空间。让大家都能够在工作之余有自己的生活，尤其是对于身处职场的婴幼儿父母而言甚是友好，能够有更多的时间和精力陪伴孩子的成长。

突如其来的新冠疫情让王乐乐无法得到国内家人的帮忙，只能靠夫妻俩自己照顾孩子。“我们那边很多人都是自己带孩子的，主要是自己带的话养成的习惯会好一些，对孩子的成长也会更好。更重要的是整个社会会给你一个比较好的保障。”

王乐乐还介绍到，相对于国内来说，无论是在加拿大还是瑞典的职场，得益于较为宽松的办公环境，他们更能在工作和家庭之间找到平衡。即便是遇上孩子有个头疼脑热的，直接请假也没问题，不会因此而受到职场歧视或晋升瓶颈。“所以在这边就不会像在国内一样一定要有家里的老人，或者雇佣阿姨来带孩子。在加拿大或者瑞典的话，爸爸妈妈上班的时候可以把孩子送到托育园，下班了就自己带孩子。即便是全职带孩子也不会因此受到歧视、因为会有补贴也不会因此就出现很大的经济压力，所以这边其实好多都是一个人两个人带好几个孩子，就会生好几个。”另外，她还介绍，加拿大和瑞典的职场不太会有年龄、性别等方面的歧视，“我们这边很多人很老了，依然去上班，也没有人会歧视他的年龄什么的。所以更加不会在意你是否结婚、是否有孩子、是否在谈恋爱之类的。大家绝对都不会管，这些个人隐私也都不可以被问的”。

由此可知，发达国家通过强有力的法律保障、倡导工作生活平衡的企业文化、完善的社会福利体系以及宽松平等的职场环境，为职场父母创造了有利条件，使其能够在工作与育儿之间游刃有余，实现个人与家庭生活的和谐共融。

第二节　非正式的婴幼儿照护支持

一、国内非正式的婴幼儿照护对社会支持依赖性强

（一）夫妻相互支持

1. 母亲父亲，共同照护

在当今中国的社会家庭结构中，母亲扮演着无可替代的核心角色，尤其是在子女抚育的初期阶段，即 0—3 岁的婴幼儿时期。这一现象广泛且深刻地体现在众多中国家庭之中，形成了以母亲为主导，父亲为重要辅助的育儿模式。母爱如海，细腻而深沉。对于尚在襁褓中的婴儿，母亲往往是其生命初期最直接、最亲密的关怀与呵护来源。特别是对于选择母乳喂养的家庭，母亲的存在不仅提供了孩子生存所必需的营养，更通过肌肤之亲、眼神交流以及温馨的哺乳时刻，构建起孩子对世界的最初认知和情感纽带，这种天然的亲子联系是任何其他角色都无法替代的。

以受访者杨梦婷为例，她的育儿经历生动地诠释了这种普遍现象。从孩子出生到进入幼儿园，杨梦婷都是孩子的首要照护者，全身心地陪伴孩子的成长。无论是夜晚的安抚入睡还是白天的生活照料；无论是疾病的预防和护理还是早期教育的启蒙引导，她都以极大的耐心和无限的母爱为孩子营造出一个温暖安全的成长环境。“我老公主要是负责陪孩子玩，和他一起疯，在孩子上幼儿园托班后，一般都是他负责早上送过去，如果下班早的话，他也会负责去接。但是像给孩子洗漱、购买奶粉和尿不湿

这些事情都是由我来做的。”钱园在临近预产期时，与其丈夫深思熟虑后共同决定返回老家，以便迎接新生命的降临。诞下大女儿后，他们选择居住在婆婆家中，尽管对老人能否妥善照顾婴儿有顾虑，钱园还是决定仅让婆婆负责洗衣做饭等基础家务，而将照顾新生儿的重任留给了自己与丈夫。整个坐月子期间，钱园的丈夫全程陪伴在妻子与新生女儿身边，与钱园共同承担起育儿的职责。“我大女儿那会儿不听话，晚上要喝夜奶，也总是会闹腾，所以我们夫妻俩就一个负责上半夜，一个负责下半夜。她那个时候喝完奶老是会回奶，每次喝完就得给她抱起来。她一回奶就弄得到处都是，我们得给她各种擦洗收拾，真是弄得焦头烂额。因为是第一个孩子，我们俩都宝贝得不得了，带她是各种小心翼翼，生怕有半点闪失。”

与此类似，受访者郭婷的丈夫也主要负责孩子精神层面的陪伴，“我老公情感上还是蛮富足的，而且他愿意把这个东西都给小孩，他不仅给我们家小孩，就连朋友家旁边的小朋友他都可以带着玩的，对小孩充满了耐心”。父亲的角色在育儿过程中并未被边缘化。相反，父亲作为辅助者的角色同样至关重要，他们以独特的方式参与并影响着孩子的成长。Hawkins① 等人将父亲参与教养划分为给予经济抚养、支持孩子妈妈的教养、管教和培养责任感、在学业上给予鼓励、给孩子情感支撑、与孩子经常沟通、关注孩子的生活、陪伴和教孩子进行阅读、鼓励孩子发展特长 9 种类型。其中，以给予经济抚养类型的居多，父亲往往承担着家庭经济支柱的责任，他们的辛勤付出为家庭创造了稳定的生活条件，为孩子的健康成长提供了坚实的物质保障。此外，父亲的陪伴与教导，以其特有的坚毅、理智与宽广的视野，对孩子性格塑造、独立性培养以及性别角色认知等方面起着不可或缺的作用。他们在关键时刻给予孩子力量与勇气，用行动示范责任与担当，为孩子的人生旅途树立榜样。

由此可知，尽管在 0—3 岁婴幼儿的养育过程中，母亲通常担任着主

---

① Hawkins A J. The Inventory of Father Involvement: A Pilot Study of A New Measure of Father Involvement. Journal of Men's Studies, 2002, 10(2): 155-168.

导角色，特别是在母乳喂养等特定环节中发挥着无可比拟的作用，但父亲作为辅助者的角色同样举足轻重。两者相辅相成，共同营造出一个充满爱与关怀、有利于孩子全面发展的家庭氛围，携手为孩子的幸福童年和未来人生奠定坚实基础。

2. 母亲照护，父亲缺失

尽管多数中国家庭在面对 0—3 岁婴幼儿的抚育重任时，能够形成以母亲为主、父亲为辅的良好协作模式，然而不容忽视的是，在一部分家庭中，父亲的角色在这一关键阶段显著缺失。张文倩、辛均庚[①]针对部分幼儿父亲进行的教养参与的调查发现，幼儿父亲们的整体教养程度处于中等偏低水平，会受到其经济水平、家人支持、父亲个人教养理念等各方面因素的影响。父亲参与教养的方式主要表现为孩子提供经济支持、满足孩子物质方面的基本需求等，主要是通过间接的物质来给予支持，在情感表达、互动交流、管教约束等直接参与方面不够理想。通过问卷调研和访谈，研究者也同样发现当前有不少家庭存在着夫妻双方难以相互支持的情况。父亲在照护中的缺失，被形象地比喻为"丧偶式育儿"，它不仅令承担主要照护职责的母亲陷入极度的辛劳之中，还可能导致她们在心理与情绪层面承受巨大压力，乃至出现疲惫不堪甚至情绪崩溃的境况。就如李梅所言，"我有老公和没老公感觉区别不大，他经常早出晚归，一般六点多就出门了，孩子都没有醒，晚上回来也八九点了，有的时候就是下班了也没回家，和他那些朋友玩。在家也不怎么管孩子，就自己躺在床上刷手机，周六日也就是自己玩游戏或者睡觉。我看到他这个样子就真的是很生气，孩子和他也不亲，也不喜欢他"。

在这些家庭中，母亲仿佛在单兵作战，独自挑起了从日常琐碎的喂养、换洗、哄睡到复杂精细的疾病预防、早期教育等全方位育儿任务的重担。她们如同永不停歇的陀螺，日夜在育儿的战场上旋转，面对孩子的无

① 张文倩，辛均庚.父亲参与幼儿教养调查研究[J].陕西学前师范学院学报，2023，39(8)：19-28.

尽需求与突发状况，时常处于高度警觉与紧张状态。长时间的身体疲劳与精神紧绷，加之缺乏有效支持与轮换休息的机会，使得这些母亲犹如孤岛上的战士，孤独而坚韧地坚守在育儿的前线。尤为令人忧虑的是，长期的过度负荷不仅侵蚀着母亲的身心健康，还可能触发情绪危机。面对育儿压力的持续累积，许多独自带娃的母亲可能会出现焦虑、抑郁等负面情绪，甚至在极端情况下，情绪的防线彻底崩溃，陷入无助、绝望的心理困境。这种情感危机不仅影响到母亲自身的幸福感与生活质量，也可能间接波及孩子的心理健康，对整个家庭的和谐稳定构成威胁。

因此，对"丧偶式育儿"现象的关注与应对，不仅是对个体母亲权益与福祉的尊重，更是对婴幼儿早期成长环境优化与家庭功能健全的呼唤。倡导并推动父亲更多地参与育儿过程，提供实质性的支持与分担，构建平等、合作的育儿伙伴关系，对于减轻母亲的过度负担，维护家庭成员的心理健康，以及促进婴幼儿全面发展具有深远的社会意义。社会各界应共同努力，通过家庭教育指导、政策支持、社会舆论引导等多种途径，打破"丧偶式育儿"的困局，实现家庭育儿责任的合理分配与共同承担，为每一个家庭创造一个充满爱与支持、有利于婴幼儿健康成长的温馨环境。

（二）祖辈支持

1. 祖辈照料，有利有弊

大多数中国人都有让家里的老人来帮忙带孩子的传统观念。对老年人而言，能够尽享天伦之乐，含饴弄孙，三代同堂是晚年生活中最为期待的景象。当前，我国 0—3 岁婴幼儿家庭大多都是寻求祖辈帮忙照顾婴幼儿。贺春梅和郭效琛①在研究中指出，当前大部分幼儿父母都很关注家庭和家长对幼儿成长的影响，但是现代社会中年轻父母们工作忙碌，缺乏时间，需要祖辈家长来陪伴和照护幼儿的成长。同时祖辈家长也有参与照护幼儿的主观意愿，幼儿园也有提出家园共育的要求，因此很多家庭选

---

① 贺春梅，郭效琛. 祖辈家长介入 3—6 岁幼儿成长教育的研究[J]. 教育理论与实践，2021，41(26)：22-25.

择让祖辈帮忙照看幼儿。祖辈家长帮忙照看幼儿有利也有弊，有利的方面主要体现在可以有效地减轻家庭的压力，为幼儿的成长提供更好的物质条件；他们更有照护幼儿的经验，便于呵护幼儿的健康成长；能够传承传统文化，丰富幼儿的生活体验；家中角色多元，促进家庭文化建设；有效利用老年资源，促进和谐社会的建设和发展。不利的方面则体现在：祖辈家长照护幼儿习惯从自身感受出发，过度包办；祖辈家长与年轻父母有着教养观念方面的差异；祖辈家长缺乏科学系统的教育理论指导；祖辈家长与幼儿的亲密关系有超越父母的倾向；祖辈家长缺乏有效地提升教育素养的途径。但是，以上研究只是对祖辈家长帮忙照护幼儿的普遍性研究，无法了解不同家庭内部的故事。因此，深入家庭内部，才能从更微观的视角了解祖辈家长在幼儿照护中提供了怎样的照护支持，以及祖辈家长与年轻父母之间存在怎样的教养冲突。

在对女儿的日常照护方面，郭婷非常感谢其母亲给予了她最大的帮助。而且，因为母亲来帮忙照顾孩子使得郭婷与母亲之间的关系发生了一些转变。“我还经常会跟她讲，要不是Angle(郭婷女儿的名字)，那我们之间就没有任何关系，情感上就没有什么牵连，情感上我是不需要你的。顶多就是你需要钱，我可以提供很多的帮助给你，我觉得我自己不会有什么事情需要去找你帮忙。但是因为我女儿需要你，反而使我觉得我们之间的这个关系亲近了很多。我们现在还有商有量分享很多事情，我工作的事情也会去和你讲，所以从这点来看的话还得感谢小朋友。”而且，她的母亲也能很好地去执行她所提出的一些教育方法和教育理念。“比如说小孩子原本是坐在那边玩的，但是到了她吃饭的时间也还在那边玩，我妈开始的时候就会走过去要她过来吃饭。但是我就会去阻止她，要我妈不要去打扰小朋友，要她自己玩就好了，她什么时候玩完了她就会转过身来，到时候就再给她吃。虽然最开始我妈会担心说饭菜会凉了，小孩子吃了不好，但是我告诉她解决的方法，我会说夏天这么热凉一点没事，即使天冷了那就再热一下也就一两分钟的事情。尽量不要去打扰她玩，要保护她的注意力。我妈听后觉得也比较有道理，就会按照我说的做。”虽然偶有意见不合，但是总体而言，郭婷对于她妈妈帮助自己照顾孩子这件事情还是表示很放心，直言“没有我妈活不了”。

访谈中，杨梦婷一家在育儿过程中虽有幸得到四位祖辈帮助，但代际间的教育理念差异亦为现实挑战。杨梦婷和公公婆婆主要存在着三个方面的理念差异。

首先是关于孩子的规则养成和释放天性的冲突。“我公公婆婆就是认为比如说孩子在2岁的时候，就可以去接触社会、去社交了，社交的意思就是说你可以把他送到幼儿园去了，在里面早一点学规矩，会更懂事。而我的教育理念是我想让他在我能够照顾得过来的时间范围里面，尽量去延长他这种可以天真无邪地玩的时间。我觉得规矩什么的3—5岁再学也不晚，不一定说要非得在他1岁或者2岁时去给他灌输这些东西。因为我觉得小孩子他的天性释放是很重要的，他释放天性的时候，他的大脑可以得到充分的锻炼，他的思维也会更宽一点。你给他讲太多这些东西反而会使他的思维发展受限。”

其次，就是在对孩子的教养花费方面，她与其公公婆婆和父母也存在着观念上的差异。“比如说我认为如果要去读幼儿园，我们要去最好的，或者是我认为给他买衣服、买鞋子、买东西，我也要挑好的，他们就会认为差不多就行。”

最后，就是在对孩子生病的处理方式方面，她和其公公婆婆也有着不同的观点，“我儿子生病的时候如果是我公公婆婆或者我爸妈他们看到他感冒或者是咳嗽，他们就会说马上带他去医院了，一定要给他开药吃、打点滴怎么怎么样。但是我的观点就是比如说发烧了，没有烧到38度，我不可能给他吃药的，贴一些退烧贴就可以了，或者说贴也不要贴，药也不要吃，就给他物理降温。然后这种时候我们一般还是会带他去看一下医生的，医生一般会开药，嘱咐我们如果孩子后面的状态不好或者说他觉得非常不想吃东西，就一定要给他喂药。这个时候我肯定会给他吃药。但是如果他的精神状态还好，他还可以玩，我就不会立即给他用药。但是我公公婆婆就会坚持一定要给他吃药，强迫他把这些药都吃下去”。除了教养观念上的差异,她对于婆婆的一些行为也颇有微词,“和爷爷奶奶相比,我儿子还是和外公外婆更亲一些。虽然每次和他说去爷爷奶奶家玩,他会很高兴,但是不会想到住那边,到晚上他就会说我要回外公外婆家。可能是因为婆婆有抑郁症的原因,有时候我儿子看到她就会觉得很害怕。我婆婆有时候还会去给我儿子讲一些很恐怖的故事,就会吓到他,晚上回来都睡不好”。谈及亲生父母对独生外孙的教养方式,杨梦婷观察到他们表现出过度的宠爱,“对于有些不好的行为或者有危险不能做的事情,他们可能不会马上去和他说,或者不会马上制止他,会持一种观望的态度。尤其是如果我儿子撒个娇、哭闹一下什么的,包括像有的时候,可能他很喜欢买玩具,他们就会立即满足他的要求。我个人的观点是他说要买一件东西的时候,我觉得可以延迟时间再去满足他,不能他说他要买什么东西,大人立马就去给他办到,我觉得这样不好”。虽然在教养方式和观念上存在着或多或少的差异,但是她还是会坚持自己的理念。“因为我儿子主要是在我这边生活,我公公婆婆他们也管不到,所以我会按照我的这种方式让他慢慢地熬过去。我爸妈这边的话,我会和他们沟通,他们主要还是听我的。”

受访者钱园同样面临着祖辈参与育儿带来的双重效应:一方面,她深感庆幸能获得祖辈无私的支持与协助,这无疑极大地缓解了她的育儿压力,使她在忙碌之余能享受到片刻的喘息与安宁;另一方面,她也意识到,与长辈在教养观念上的差异犹如一道隐形鸿沟,需要巧妙跨越。钱园的两个女儿分别由自己的婆婆和爸爸妈妈照护,“现在我婆婆每天白天带着小女儿,天气好的话基本是上午带出去买买菜,然后在小区里和其他的小朋友玩一玩,中午回家吃个饭睡会儿午觉,下午就又出去了,到小区里或者公园里去。我婆婆她喜欢和别人去聊聊天,这样觉得日子过得快一点。如果是下雨的话,她们就在家里,我婆婆喜欢看看电视,我女儿就自己玩一会儿玩具,或者看看动画片,和奶奶一起玩玩游戏之类的”。婆婆能够帮助她照护小女儿让她轻松不少,但她认为婆婆也会存在溺爱、教养不当的情况。“虽然老二现在才两岁多,但是已经懂得察言观色了,比如昨天在我房间里她想玩我的手机，但是我忙着回复工作消息就没有给她，她就发脾气，躺到地上。我就没有管她，起身就走了。她就把房间里的垃圾桶踢翻了，垃圾全部都倒出来了。我就开始比较严肃地和她说，如果你是乖宝宝就快把垃圾捡起来，我生气了。刚开始她不愿意捡，想从房间里出去，我就故意站在门口不让她出去，意思是要她捡起来。她看到我比较严肃了，就自己把垃圾捡起来了，还笑嘻嘻地和我说，妈妈，你看我捡起来了，我是好宝宝了吗？如果是我婆婆的话，估计就不会要求她这么做，可能她就自己去收拾好了，最多嘴上说一下这样不乖，因为平常有过很多类似的情况。但是这对于孩子的教育意义其实是不大的，过不了多久她就忘记了，慢慢地就养成了坏习惯。"同样，钱园的大女儿在祖辈的照护下，无疑也得到了无微不至的关爱与呵护，这为他们夫妇减轻了诸多日常育儿负担，让他们在繁忙的工作与生活中觅得一丝宽慰。然而，祖辈的深度参与并非全然无忧，其间亦伴随着一些不容忽视的潜在问题，"我妈也是体会我们的难处，她甚至还提议要我婆婆和我小女儿也回老家，她在镇上带我小女儿上幼儿园，我婆婆带大女儿去城里上小学。要我们趁着年轻多赚点钱，以后回家看看有没有什么合适的活干。但是我是坚决反对的，两姐妹无论如何都不能分开，现在这才分开一年多，姐妹两个之间就已经有了很明显的敌意，小女儿现在就觉得我妈妈就是我一个人的妈妈，还没有姐姐的妈妈也是我的妈妈的概念。大女儿可能是觉得妹妹可以每天都和爸爸妈妈在一起，就很羡慕，会经常想念妹妹，每天打视频电话都会说想看看妹妹，看看家里的玩具，但是妹妹不会主动想到要叫姐姐"。

综上可知，深入家庭内部的访谈揭示了祖辈家长在幼儿照护中的角色与影响，以及他们在教养观念和实践上与年轻父母存在的冲突。祖辈在幼儿照护中虽然提供了不可或缺的支持，但也带来了教养观念与实践的冲突。年轻父母需在珍视祖辈帮助的同时，通过有效的沟通与协调，尽可能缩小代际间的教养差异，确保孩子的全面健康发展，并维护和谐的亲子关系与家庭氛围。

(三)亲友支持

亲友的育儿支持对于新晋父母而言,犹如繁星点点照亮了他们的育儿之路,既缓解了他们的现实压力,又赋予了他们精神力量。好友们的育儿经验分享,就对郭婷的育儿之路起到了不可或缺的启迪与支撑作用,具体体现在以下几个方面:“我的一个闺蜜会跟我讲一些关于小孩养育的经验什么的,因为我觉得她带得很成功。她家小孩就很懂事,逻辑和思路都很清晰,也善于表达自己的需求和想法,比如他会说,我希望你先陪我看5分钟电影、电视剧,然后我就去吃饭,这些他都会讲得很清楚。”郭婷的好友也经常会给她推荐一些好的动画片,郭婷都会很乐意接受,并立即找来给她女儿看。另外,她丈夫的姐姐,有一个年纪相仿的孩子,他们经常会沟通一些关于育儿的信息,“他姐姐就会告诉他小孩需要怎么样带,会推荐他看什么,下个育儿App,纸尿裤买什么牌子,然后我老公就会反过来给我推荐。比如她推荐多吃一点鱼肉,补充一点什么营养,我觉得有道理的也都会照着去做”。

同样,在育儿过程中遇到难题的钱园,也得到了来自亲友的实践经验分享,“我表姐也是夫家条件不太好,但是她就为了把孩子带在自己身边,宁愿钱赚得少一点也不出去大城市,就只是在县城的私立幼儿园上班。然后她知道我大女儿的情况就和我说,小孩子是不是有自己的爸爸妈妈在身边真的差别很大,其实不管家里经济条件好不好,最主要的还是家庭教育。孩子的成长就那么关键的几年,有的时候错过了就补不回来了。她们家的两个孩子就非常懂事,也知道很多东西”。家人的关爱,作为滋养孩子心灵沃土的温暖阳光,对他们的健康成长起着至关重要的催化作用。“我们家小孩前段时间就非常喜欢说话,也很喜欢叫人,每天都要给大伯打视频电话,一天能打几十个,他大伯因为没有结婚生孩子也是特别喜欢她,每次都陪她聊天。说实话要是我在上班,她一直给我打这么多电话我肯定很烦,不会理她,但是她大伯就不会,即使在上班也要抽出时间来陪着她聊天,所以她那段时间说话学得很快。”

亲友的育儿支持在新晋父母的育儿道路上扮演着重要角色，彼此间分享经验与建议不仅提供了实际的援助、在精神慰藉方面也提供了宝贵的经验借鉴。总之，亲友的育儿支持在受访者的育儿过程中起到了关键性的作用，帮助他们应对挑战、提升育儿效果，共同为孩子的健康成长营造了有利条件。

(四)其他支持

对于在大城市生活的双职工家庭而言，如果没有祖辈家长帮忙的话，0—3 岁婴幼儿的照护确实几乎不能完成。在当前公共照护服务不完善的情况下，雇佣育儿嫂、育婴员和保洁阿姨等帮助照护婴幼儿成为大多数人的选择。但是，当前的家政服务行业仍存在着服务标准不规范、服务质量参差不齐、服务人员专业水平不高的问题，通过购买家政服务来辅助 0—3 岁婴幼儿的照护也同样面临困境。

受访者杨梦婷夫妻俩都是体制内职工，公公婆婆和爸爸妈妈也都是公职人员，没有祖辈家长的全天候照护支持，只能选择家政服务来帮忙解决这一照护难题。在孩子出生前，她就通过朋友的介绍，以月工资 8000 元的高价(杨梦婷的月薪资为 6250 元)预约了当地颇有人气的月嫂，“月嫂就是负责照顾婴儿，给我做月子餐，其他的家务都不做的。但是照顾孩子其实就很忙了，尤其是有时候我儿子哭闹的时候，得抱着他”。她自己的婆婆和妈妈也是每天都来帮忙，“婆婆主要负责做家务，打扫卫生，做她们自己吃的饭菜这些事情。我妈也是一下班就来看望我，给我擦洗一下什么的，有时候也抱抱孩子 ”。而她的丈夫初为人父时，最开始连抱孩子都不会，“我老公从来没抱过小孩子，他刚开始也不敢抱，然后抱孩子的姿势也不对，就感觉很别扭，他和我儿子两个人都不舒服。所以也就只能干一点打下手的活，帮忙洗个奶瓶，拿块尿不湿这种事情”。在雇佣月嫂及全家人的共同努力下，杨梦婷顺利度过了坐月子的时期。然而，随着月嫂服务期满，婴儿的日常照护需求依然存在。为此，杨梦婷决定聘请一位育儿嫂继续提供帮助，育儿嫂的月薪为 6000 元，并且杨梦婷还需负责其餐食以及节假日的红包。育儿嫂的工作时间为每周五天，每天早上 7 点到杨梦婷家开始工作，直至晚上 5 点结束。在杨梦婷完成 128 天的产假返岗后，育儿嫂将随同前往她的工作单位，继续为其提供支持。“我那会儿每天都是带着阿姨和我儿子早出晚归，阿姨家离我家比较近，工作日的每天早上她来我家，然后我开车 40—45 分钟，带着阿姨和我儿子到我们单位，然后我就开始上班，阿姨就带着我儿子到我单位的宿舍去，我宿舍那里有两张床，中午的时候一张床阿姨可以休息，另一张床就我和我儿子午休一下，上班的间隙我就回到宿舍去给我儿子喂奶。我还买了一个软垫子，垫到地下，买了一些玩具让我儿子可以在那里玩。”杨梦婷聘请的阿姨有时候带着孩子在她的宿舍里面玩，有时候也会带孩子到室外去散散步，“阿姨还经常会带着我儿子去食堂里面玩，因为我们食堂有两个做饭的员工，年纪也跟她差不多，她就会带我儿子去食堂择一下菜，跟他们聊聊天”。

杨梦婷每天带着儿子和育儿嫂早出晚归去上班的日子一直持续到孩子两岁。其间，她的公公婆婆为了帮助家庭改善居住条件，卖掉了自己居住的老房子，用所得款项作为首付款购置了一套 180 平方米的新洋房。但由于新购的房产为期房，尚未交付，公婆暂时搬进了杨梦婷夫妇的住所，这所房子是杨梦婷公公婆婆在儿子结婚前为他准备的。与此同时，杨梦婷的父母也购买了一栋新别墅。因此，杨梦婷一家也随之搬到了娘家的新居生活。由于之前的育儿嫂住处距离新家较远，不愿继续工作，杨梦婷不得不重新寻找新的育儿嫂来照料孩子。“我们住回到娘家之后，我儿子就开始每天跟着我妈去她学校，因为那个时候我儿子也有 2 岁了，我妈妈就把她带到学校里面，在学校里面请了一个阿姨，就负责喂他吃饭、带他玩，我妈下课了也可以带带他。我妈的单位离家比较近，骑电动车十几分钟就到了，有时候我爸会开车送她们去。”由此，杨梦婷的儿子就从每天和妈妈上班，变成了每天跟外婆上班了，不到三年的时间里，杨梦婷已经通过购买家政服务找过三位育儿嫂来帮忙照顾孩子了，“虽然每次要找新的阿姨挺焦虑的，怕孩子会不习惯，好在每次找的阿姨人都很好，带孩子也比较细心，因为都是住得比较近的熟人介绍的，所以也都还比较放心。不过也只能是帮忙最基础的看护，带着游戏互动和早期教育之类的就做不来了”。

育婴博主丹丹妈则没有这么幸运，“说起找阿姨，真的是一把辛酸泪啊。因为我和我老公都是外地人，而且离这里也都挺远的。我公公婆婆还没有退休，我爸妈在老家帮忙带弟弟的孩子。我和我老公平时工作也都忙，没办法就只能请阿姨，前前后后加起来找了有 4 个阿姨。第一个月嫂还算可以，就是价格真高了，不到一个月花了 15000 元，我一个月到手工资也没有这么多，婆婆付的这个钱。出月子后趁着休产假就回娘家了，妈妈帮着照顾了我们娘儿俩一段时间。休完产假回单位后，只能找阿姨来帮忙，最开始是通过家政公司介绍，每个月 8000 元，需要包吃包住，还要给家政公司 8000 元的介绍费。介绍的第一个做了两天，我就觉得这个阿姨特别不专业，不讲卫生，孩子也弄不太利索，就要家政公司给换了一个。这个阿姨倒是还可以，带孩子更好一些，但是她才干了 3 个月就说家里有事回老家了。然后就觉得家政公司介绍的也不太靠谱，我妈帮我在老家找了一个阿姨过来，这个倒是工资稍微低一点，按照老家的薪资给的。阿姨刚开始带得挺好的，后来估计是带着孩子一起在小区里玩，也会遇到同样的阿姨，她打听到人家的工资比她高，可能心里就不舒服了，干起活来也没有以前积极了，有的时候也明显能觉察到她有情绪。没办法，就只能让她回家。然后请了一个婆婆过来，算是自己家的亲戚，想着好歹能放心一点，这个婆婆带人做事什么的也都蛮好，可能是我老公这个人太好了，每次下班后各种事情抢着干，这个婆婆大概带了几个月，后面也就不咋做事情了，感觉是来我家养老来了。那会儿孩子也快 2 岁了，我婆婆退休了，所以就让这个婆婆回去了。但是我婆婆在我家也住不太习惯，过来住一段时间，就会带孩子回老家，有的时候她会带着孩子去旅游啥的，孩子倒也是蛮开心的。不过我婆婆是事业型的女性，孩子快 3 岁的时候，她又被原单位返聘回去上班了，现在是我爸过来帮忙带，孩子马上要去上幼儿园了，也不知道我爸在我家住得习不习惯，能住多久。每次换人都感觉好焦虑,尤其是孩子月龄小的时候,频繁地更换阿姨,感觉她就很没有安全感,因为没有人能够帮忙带孩子,所以我们也就完全放弃了生二胎的念头了,带现在这个就已经让我们焦头烂额了”。

此外,现代科技也极大地丰富了育儿资源获取途径,像受访者郭婷这样的婴幼儿妈妈,可以通过网络社交平台和专门的育儿应用程序获取大量实用的育儿支持信息。例如,“亲宝宝”这款智能育儿软件,不仅提供了详尽的育儿指南和专业知识,还能根据孩子不同发育阶段的特点,给出何时开始为宝宝添加辅食和食用油等食物的具体建议,这对于新手父母科学育儿、精准满足婴幼儿营养需求等方面提供了极大的便利和支持。通过这样的数字化工具,育儿过程变得更加个性化和科学化,有助于家长更好地解决和应对婴幼儿成长过程中的各种问题。“不过我家孩子到了一定的阶段她想吃就给她吃,要是不吃我也就随她了。当然蛋白质这些每天还是给她保证的。我在这个软件上面也可以买尿不湿。我老公会在这里面记录孩子的成长,孩子的每个阶段都可以在这里记录。”

由此可见,双职工家庭在缺乏祖辈支持的情况下,面对 0—3 岁婴幼儿照护难题时,主要依靠雇佣家政服务及全家动员的方式应对,但家政行业的种种问题增加了家庭的经济压力与心理负担。同时,现代科技如智能育儿软件在一定程度上弥补了专业育儿知识的不足,便利了育儿物资采购与成长记录,为家长提供了实用的辅助工具。然而,频繁更换照护人员对孩子的影响以及由此引发的家庭决策(如放弃生育计划)揭示了当前社会环境下婴幼儿照护问题对家庭生活稳定性与幸福感的深远影响。

二、发达国家非正式的婴幼儿照护社会支持较弱

(一)夫妻相互支持

错峰带娃作为一种科学且人性化的育儿策略,其核心在于夫妻双方在育儿责任与家务分配上达成深度共识,摈弃传统性别角色的刻板印象,共同肩负起抚育子女与操持家务的重任。这一模式的成功实施,关键在

于双方均秉持平等互助的态度，充分认识到育儿并非单方义务，而是婚姻与家庭生活的共同责任，无论男女，皆应积极参与，共同为营造和谐的家庭环境和孩子的健康成长贡献力量。在实践层面，错峰带娃强调高效的时间管理与互补性的任务执行。具体而言，当一方全身心投入照顾孩子之时，另一方则享有相对自由的时间和空间去完成个人事务、职业发展或者必要的休息放松。如此巧妙地错开照料高峰期，不仅能够确保孩子始终处于成人的监护之下，享受到持续的关注与陪伴，还能有效避免某一方因长期承担繁重育儿任务而陷入身心疲惫，进而影响到家庭关系与个人生活质量。

以受访者王乐乐为例，她与配偶成功践行了错峰带娃的理念。尽管身为孩子的主要照护者，且目前正处于纯母乳喂养阶段，王乐乐凭借充足的奶水，确保了新生儿得到充足且营养丰富的母乳喂养。值得关注的是，她们的孩子在出生初期曾遭遇奶水不足的问题，幸得医院适时提供的免费配方奶予以补充。然而，两个月后孩子突发严重过敏反应，迫使她们迅速调整喂养方案，一边积极寻求医疗干预进行脱敏治疗，一边果断转向纯母乳喂养。值得庆幸的是，王乐乐的奶水产量在此关键时刻达到了完全满足孩子需求的程度，纯母乳喂养得以顺利进行。随着孩子的成长发育，大约在五个月大时，她们开始加入辅食，进一步完善了孩子的饮食结构。在这个过程中，王乐乐的丈夫积极配合协助，不仅在育儿事务上主动分担，还积极完成家务，成为了有力的家庭后盾。他的给力表现，无疑减轻了王乐乐作为主要照护者的压力，使她在专注育儿之余，也能享受到片刻喘息与自我提升的机会，这也正是错峰带娃模式下夫妻协作的理想状态。“因为他是博士后，工作的时间比较灵活，有时候就可以在家工作，写写文章，帮忙带带孩子，他想几点去学校都行。一般我老公回来都会做饭，收拾一下东西什么的，也很会照顾孩子。现在孩子大了感觉轻松很多。以前孩子小的时候，比如说 6 个月以前，我老公是这样的作息：他早上 8 点去学校，下午大概是 6 点回到家，回到家之后他得赶紧做晚饭。他会多做一点，把第二天的午饭也做好，吃完晚饭他就赶紧给孩子洗澡。然后晚上

9 点孩子睡了他也就要睡觉了，因为那会儿孩子经常醒嘛，大概两三个小时就会醒一次，要给他喝夜奶什么的，很难有完整的、好一点的睡眠。所以那时候我们俩就是分时段睡觉，晚上 9 点到凌晨三四点是我带孩子，保证我老公有六七个小时的完整的睡眠。然后他大概是凌晨三四点就醒，负责照顾孩子到 7 点多的样子，让我也再有一段完整的睡眠，然后他再去上班。那段时间还是挺辛苦的，没有老人帮忙照顾，就我们两个人也就只能够这样了。不过现在好了，晚上最多喝一次奶就可以了。”他们夫妇的育儿经历生动诠释了如何在面临实际挑战时，通过夫妻双方的默契配合与责任共担，实现育儿与个人生活的平衡。他们的实践证明，只要态度一致、分工明确、互相支持，夫妻俩就能在育儿道路上携手共进，既满足了孩子的全方位照护需求，又维护了各自的身心健康与个人发展，从而在忙碌的育儿生活中找到和谐与满足。

金善贤在初次育儿过程中表现得非常努力和坚强，她的丈夫也在这一过程中给予了极大的理解和支持。他在家务处理和孩子照护上的积极参与，大大减轻了金善贤作为新手妈妈面临的身心压力，使这段充满挑战的旅程变得更加愉快和温馨。当研究者再次访问金善贤时，她的儿子已经是一个一岁多、活泼好动的小男孩，不仅能稳稳地走路，还可以用稚嫩的声音与家人交流。相比起婴儿期需要的无微不至的照顾，现在的育儿工作显得更加轻松，这让金善贤感到一些宽慰和喜悦。金善贤的丈夫在育儿生活中扮演了重要角色。在日常家务上，他主动负责烹饪、清洁和购物等事务，创造了一个整洁舒适的居家环境，让金善贤能更专注于孩子的照顾。在孩子照护方面，他不仅乐意陪伴孩子玩耍和阅读，促进孩子的认知发展，还在孩子生病或情绪不佳时，与金善贤一起给予孩子关爱和支持，共同应对各种挑战。

张玲玉和她的丈夫没有严格设定固定的家庭分工，而是采取了一种灵活务实的态度。他们根据各自的特长和当前的实际需要，自然地承担起家务和育儿的责任。这种动态且默契的合作方式，展现了夫妻二人在家庭生活中的高度协作与相互理解。“如果我老公在家的话，一般都是他负责干活做饭。不过家里也没有特别明确的分工，就是我在忙着这件事情的时候他就去干那个这样。但是给孩子读绘本这种事情就主要还是我来，因为你知道男的都是很敷衍的，没那么多耐心。读绘本的时候就只是坐在那里念书，没有什么太多的情感和孩子的互动。”

赵星选择全职居家照顾孩子，她家人也给予了她很多的支持，在日常的家务活方面，她的丈夫也会主动和她一起分担，“这边家务事都是一起分摊的，不是说因为我不上班就该我做家务的。我们会有一个家务清单，从来不会因为家务吵架。就比如说我们每天晚上吃完饭后，我负责给小孩子洗澡，他就负责收碗、擦桌子、用洗碗机洗碗、收拾剩菜、剩饭和倒垃圾这些事情，我们俩的家庭分工很明确，大家过得就很舒服。包括全家的大扫除也一般都是安排在周末，他用吸尘器吸地，我就用拖布来拖地这样分工合作”。日常家庭事务费时而烦琐，只有夫妻共同分担，才能都有自己的闲暇时间来发展自己的兴趣爱好。“平常我们家孩子去上学、老公去上班后，我会有一些自己的安排，比如说我周一会安排锻炼，有一个水上的体操锻炼，然后和小朋友逛逛街。周二我也会跟另外的朋友出去玩。周三的话因为孩子们不上学，所以就需要陪他们，周六日也是主要安排陪孩子们玩，所以相当于一个星期里只有 4 天会有可以自由支配的时间。因为我老公不喜欢逛街、逛超市，好在我比较喜欢逛街，所以家里的采购工作就主要是由我来负责，这些事情也都是需要在这 4 天当中抽时间去完成，还有其他的一些事情也都要尽量地安排在这几天。所以对我来说，我觉得自由的时间也还蛮少的，比如说现在是孩子去上学了我才空闲一点，我一会儿还需要先把家里收拾一下，然后很快就到下午四点半了，就要去学校接孩子们回家了。”

李林峰的孩子也主要是由夫妻两人共同照顾，“可能比国内的很多有父母或者阿姨帮忙照顾的家庭会辛苦一些。不过和日本这边很多家庭都是只有妈妈一个人照顾孩子比起来，我们现在两个人一起照顾孩子还算是可以的。虽然也会感觉蛮累的，但是现在我也基本居家办公，如果一个人累了的话可以换另一个人，就会感觉好很多。”他的儿子虽然还小，但每天的作息都比较规律,夫妻俩分工合作共同照护孩子。“早上如果早的话五六点就醒了然后就要起床了,晚的话要到八九点才起来。他醒来之后一般都是我老婆先陪他坐着玩儿,就保护他不要磕到碰着,之后可能到7点就要给他喝奶,每次喝奶大概能喝250毫升。喝好奶后再把他的衣服都换洗一下,然后再玩一玩,白天的话早上会睡一次,中午和下午就可能每天也要睡个两三次,每次都睡不了太久,可能就一个小时的样子,就醒了要玩一会,然后过一会儿就又睡了。到晚上的时候会给他吃辅食,吃完在床上玩一会儿玩具,再带他去洗澡,洗完澡之后给他读绘本。可能就再玩一玩,接着8点钟左右就要准备睡觉了,基本上每天都是差不多的安排。如果到周六日有出去玩或者平时我老婆带着去外面的话,作息稍微会有一些不同。不过他现在基本24小时都需要旁边一直有人陪着他。”

有别于传统的“男主外女主内”,本书中旅居海外或外籍的婴幼儿的父亲们大部分都承担起了作为父亲的角色,能够照顾孩子的日常生活。值得注意的是,旅居海外的父亲们似乎比国内的父亲们在照顾孩子方面做得更多,可能是因为国内的家庭大多数都会请祖辈或者是专门的育儿嫂等人帮忙,父亲们主要充当孩子的玩伴,承担的主要是精神方面的照护。但是旅居海外的父亲们,往往没有办法依靠祖辈或者其他人,只能亲力亲为和妻子一起照顾孩子。同时,旅居海外的父亲们的工作环境相对更舒适,能有更多属于自己的时间参与到子女的照护中来。

(二)祖辈支持

在子女教育这一重要领域,即便是相隔万里,家中长辈们对孙辈的成长也是倾注了深切的关注与关爱,他们时常借助电话或视频通话的方式,远程参与到孩子的日常生活之中,分享孩子的欢笑与进步,同时也不吝赐教,给出基于丰富人生经验和传统智慧的育儿观点与建议。

但是,作为母亲的张玲玉,在珍视这份祖辈深情的同时,始终坚守着自己独特的教育理念,坚持以独立且明确的界限来主导孩子的教养工作。她深信每个时代都有其特定的育儿观,而作为新时代的父母,她有责任顺应社会的发展，结合现代科学育儿知识，为孩子塑造一个既符合时代特征又利于个体成长的教育环境。因此，尽管面对祖辈们充满善意的指导，她能够以开放的心态倾听，尊重其经验的价值，但并不会盲目附和，而是会经过谨慎思考，甄别其中与自身教育理念相契合的部分，将其巧妙融入实际的育儿实践中。“就是他们在说的时候，我会敷衍地听听，就说知道了，但是毕竟隔得远，他们其实也管不到。和老人不在一起，其实也就减少了很多矛盾。”

赵星的公公婆婆由于居住地与小家庭相隔较远，一年间双方相聚的机会颇为有限。尽管地理距离造成了亲人间面对面交流的缺乏，但这并未削弱长辈们对孙辈的关切之情。令人称道的是，赵星的公公婆婆在表达关爱的同时，始终保持着清晰的界限意识，他们懂得在关心与干涉之间把握微妙的平衡，尊重小家庭独立自主的生活节奏与育儿方式。“我婆婆来我家里会比较勤快一点，虽说她还没有退休，但也基本上就属于半退休状态，时间方面会灵活一点。但是我公公是很忙的，他自己公司的事情也很多，大概一年只能见到一次吧。我婆婆有的时候说过来看一下我们，然后她自己一个人就开车过来了，在我们家待一个周末就再开车回去。她人特别好，我们的关系也很好，她每次来陪小朋友我都很开心。”在整个家庭的教育方式方法方面，公公婆婆也从来不会干预，都是尊重她和孩子们的做法，“在家庭教育方面，他们的态度就是如果我们跟他们去说，他们就会认真地听，但是也就是听，不会对我们进行指指点点什么的。包括我婆婆来了之后，如果小孩子愿意跟她分享作业方面的东西，比如一些学习的课本、学校的作品什么的，她都会很开心地去陪他看，听他分享。但如果说小孩子自己不说或者是我们不主动说，她也不会来问，包括我们的收入也都不会过问，如果是我们自己愿意说那她会很鼓励”。她所做的很多事情细碎且繁杂，虽然是全职主妇没有收入，但是她的婆婆还是非常支持和感谢她，“我结婚后就一直都没上班，之前有一次我们出去遇到一个人就问我都没上班吗，然后我婆婆就说家庭就是我的战场，在家里带两个小孩已经很不容易了。她对我非常的支持真是让我感觉非常舒服。反而是我回到国内我会感觉到那种压力,包括我自己的爸妈会和我说还是得上班去什么的。但是法国这边就完全不会有这种压力,因为大家也都是这个样子,整个国家政策和文化也都支持,就是一直不工作在家里带孩子人家也不会觉得你很奇怪什么的。”只有在特殊的情况下,她的婆婆才会给一些个人建议。“我家小朋友现在中文说得特别好,因为我长期跟他们说中文,我之前也是跟他们讲法语,公公婆婆就说这太可惜了,应该跟他们讲中文,因为他在法国这种环境下,他缺的其实不是法语的教育,而是中文的教育,所以在那之后我就会很注意。现在老大和老二也开始学写汉字了。”而且,赵星自己从小生活成长的家庭环境也是比较民主的,她的爸妈一直以来也都是比较尊重她的决定。在生孩子的时候,妈妈虽然会给很多建议,她也还是会选择性地接受。“我感觉还挺好的,也没觉得自己一个人带有什么不方便,反正一切都很自信,不会有慌乱的感觉,就挺好的。我妈妈也会在国内给我一些指导建议,但是有些传统的习惯,我会觉得好像不是特别科学,包括在顺产之后底下会有肿胀,这边是会给你冰敷消肿,就感觉真的很舒服。但是我妈她们就说你千万不能碰冷的,更不能碰冰的,反正就是习惯和观念上会有一些差异。”在孩子的教养方面也同样如此。“虽然我们现在没有生活在一起,对于两个孩子的教育他们之前也总是会想要提一些建议,但是当他们真正见到了小孩,看到他们的一些行为举止之后,就会觉得说我们做得真好,然后他就会觉得就按照我们的来就很好,也不会再对我们的教育方式方法指手画脚了。”

李林峰的岳母家与他们一家所居之地相距甚近,这种地理位置上的接近赋予了双方在必要时能够适时伸出援手的便利条件。尽管如此,两个家庭在日常生活中仍严格保持着各自的独立性,各自承担并料理着各自的生活琐事与家庭事务。“像我丈母娘,因为白天她也有工作,但是因为离我家很近,她是自己开了一家店,白天的时候店里会有客人她经常是走不开。所以,我们偶尔也会把孩子抱过去在店里面玩。之前孩子刚出生的时候,宝宝的外婆是会来帮忙的,主要是晚上6点钟她下班后会过来,刚开始的时候过来得勤一些,也帮忙做饭,照顾孩子。宝宝外公的话来也是会来，但很少，因为他们店里那边挺忙的，偶尔过来打个招呼、看一下子，不会说待太长时间，但是基本上每隔两三个月其实也会聚在一起吃顿饭。”而李林峰自己的父母，虽然也想前往日本帮忙带带孙子，但是李林峰对此却有自己的想法：“我爸妈他们肯定是想过来，如果说我们愿意的话，他们可能就过来帮忙带带孩子了。但是我们这边的想法是，他们如果就只是单纯过来看看我们，或者陪孩子玩一段时间，当然是很欢迎的。但是并没有说希望他们过来一直帮我们照顾孩子这样的想法。孩子刚出生的那会儿就没有过这种想法，那估计以后也不会有这种想法了。我们还是想要把孩子带在我们自己身边，但是并不是说我们带孩子很困难，毕竟和父母住在一起还是会有很多不方便的地方。”

祖辈在子女教育中的支持涵盖了情感、经验、行动、文化等多个层面，不仅提供了实质性的帮助，也在精神上给予年轻父母强大的后盾。这种支持以尊重子女教育主体地位为前提，旨在助力孙辈全面、健康地成长，同时维系和传承家族间的深厚情感与文化联系。

（三）亲友支持

同辈亲友在面对婴幼儿照护这一共同挑战时，扮演着至关重要的支持角色，其贡献主要体现在两大维度：育儿知识与信息的传递以及情感共鸣与心理慰藉。首先，同辈亲友的育儿经验犹如一座宝库，他们基于亲身经历的分享，为新手父母们搭建起一座通向智慧育儿的桥梁。相似或相同的育儿历程，使得他们提供的案例更具现实参考价值，涵盖从喂养技巧、作息安排、疾病防治到早期教育等全方位的育儿议题。这些鲜活的实例，辅以诚挚的心得体会与实用建议，无疑为困惑中的新手父母点亮了前行的明灯，帮助他们避开可能的误区，提升育儿效率，确保婴幼儿得到妥善照顾。其次，同辈亲友的情感支持犹如一股暖流，滋润着新手父母在育儿道路上疲惫的心灵。面对婴幼儿照护的艰辛与挑战，新手父母经常会陷入自我怀疑与焦虑之中。此时，同辈亲友的共鸣与理解具有无可替代的疗愈力量。同辈比较的心理会让新手父母们感觉到“原来大家都是这么辛苦过来的啊”，（张玲玉）瞬间消解了新手父母的孤独感，让他们意识到自己的困扰并非特例，而是每一位父母必经的成长阵痛。这种同病相怜的心理效应极大地增强了新手父母面对困难的勇气与韧性，使他们能更坦然接纳并坚韧应对当前的育儿困境。

此外，经历过育儿初期磨砺的同辈亲友，如李林峰夫妇，还具备了回馈与助人的能力。“我老婆的姐姐生孩子的时候我们也过去帮忙照看了一下她们母子。”他们不仅从受助者转变为施助者，为其他正在挣扎的新手父母提供切实可行的建议与帮助，还以其自身的蜕变历程，鼓舞着身边的同辈群体携手共度育儿难关，共同编织起一张互助互爱、共担风雨的同辈支持网络。

综上所述，同辈亲友在婴幼儿照护支持中的作用不容忽视。他们以共享的育儿经验构筑知识库，以共情的心理支持铸就情感纽带，以互助的实际行动构建互助共同体，共同为新手父母打造一个充满理解、关爱与成长力量的育儿生态环境。

（四）其他支持

无论是在国内还是国际环境中，寻求一位兼具专业素养与资质认证的育儿嫂或育婴员，无疑是一项颇具挑战的任务。通过对海外华人家庭育儿经验的深入探究，可以揭示出这样一个鲜明事实：在采取购买家政服务途径以期获得高质量育婴支持的过程中，家长们不仅要承受经济上的高额支出，还不得不面对能否幸运地觅得一位理想人选的不确定性。

一方面，聘请专业育儿人员的服务费用往往构成家庭开支中的一大项，尤其是在发达国家或地区，劳动力成本普遍较高，育儿嫂或育婴员的薪资待遇、保险福利以及可能涉及的中介费用等，共同构成了家庭在寻求此类专业支持时无法回避的经济负担。这对于许多家庭，尤其是新晋父母而言，无疑构成了不小的财务压力。

另一方面，寻找到一位真正符合需求、值得信赖且能与家庭成员和谐相处的育儿嫂或育婴员，其难度并不亚于找到一颗珠宝。市场上此类服务提供者的素质参差不齐，专业能力、性格特质、职业道德等方面的差异显著，而这些因素对于婴幼儿的身心健康发展至关重要。家长在挑选过程中，不仅需考察对方的专业技能证书、从业经验，还要评估其对待孩子的情感投入程度、应急处理能力、教育理念是否与家庭一致等诸多方面。这一过程不仅耗时耗力，且结果往往带有极大的偶然性，能否邂逅那位"对的人"，在很大程度上取决于机遇，即所谓的"靠运气"。博主月月妈分享了她的经历，"一开始我想着产假结束后就请个育儿嫂来照顾，因为才几个月的宝宝送去托育机构的话，感觉还是不放心。但是一打听价格需要25美元一个小时。如果请华人育儿嫂能稍微便宜一点，但也要180美元一天。我们对阿姨也很好，很多事情都是尽量自己做。但是她老喜欢和我们抬杠，还会指挥我们做事情，要我们换洗床单，收拾院子什么的。有时候就突然觉得这是找育儿嫂还是找领导，但是当时觉得只要宝宝被照顾得好都无所谓，但是结果才一个月就说要搬走了，真的是崩溃"。

由此可知，无论是身处国内还是远在他乡，寻求专业育儿支持对于家长们来说，无疑是一场既考验经济实力又考验判断力与运气的综合博弈。面对高昂的服务费用与市场中质量难以预判的服务提供者，家长们在期待优质育婴服务的同时，也不得不直面这一过程中的诸多不确定性和潜在风险。

在发达国家背景下，尽管传统的家庭支持结构可能有所弱化，但海外华人家庭通过强化夫妻协作、调整祖辈角色、构建紧密的亲友支持网络以及谨慎使用专业育儿服务，成功构建了一种适应现代生活方式的非正式婴幼儿照护社会支持体系。尽管存在复杂性和挑战，但这种体系在一定程度上弥补了传统支持的缺失，有助于缓解育儿压力，保障婴幼儿的妥善照护。

第七章　未来展望与实践建议

第一节　0—3岁婴幼儿照护的反思与展望

一、0—3岁婴幼儿照护的反思

近年来，随着社会经济的发展和家庭结构的变化，婴幼儿照护问题日益成为社会关注的焦点。反思当前的婴幼儿照护体系，我们可以发现一些主要的问题。

首先，在政策层面，尽管许多国家已经意识到了婴幼儿照护的重要性，并出台了一系列相关政策，但在实际操作过程中，这些政策往往因为资金不足、执行力度不够或者缺乏持续性的支持而难以达到预期的效果。例如，虽然一些地区提供了公共托幼服务，但名额有限，远远不能满足广大家庭的需求。

其次，在婴幼儿照护的服务提供方面，高质量的照护资源仍然稀缺，尤其是在农村和偏远地区，这导致了城乡之间以及不同收入水平家庭之间的照护质量存在较大差异。同时，专业化的婴幼儿照护人员培训体系尚未完全建立起来，导致照护人员的专业素质参差不齐。

再次，家长作为婴幼儿照护的第一责任人，面临着巨大的压力。工作与家庭生活的平衡成为很多家庭面临的难题，特别是对于双职工家庭而言，如何确保孩子得到足够的关爱和适当的教育成了一个挑战。

最后，社会对婴幼儿照护的认识和支持也有待提高。在一些地方，社区和社会组织提供的支持较为有限，非正式的支持网络如亲朋好友的帮助也不够充分，这使得家长们在面对育儿难题时感到孤立无援。

综上所述，0—3岁婴幼儿照护不仅需要政府层面的持续关注和政策支持，还需要社会各界的共同努力，采取包括提升公众意识、加强专业人员培训、优化服务供给体系等多方面的措施，才能确保每个婴幼儿都能在一个健康、安全、充满爱的环境中成长。

二、0—3岁婴幼儿照护的未来发展趋势与挑战

0—3岁婴幼儿的照护服务不仅关系到婴幼儿的健康发展，也是影响家庭和社会稳定的重要因素之一。随着社会的发展和政策的变化，婴幼儿照护领域面临着新的发展趋势和挑战。其中，未来发展趋势包括：①政策支持加强。政府正不断加大政策扶持力度，通过制定和实施一系列指导性文件，如《3岁以下婴幼儿健康养育照护指南（试行）》，来引导和规范婴幼儿照护服务。这些政策不仅提升了婴幼儿健康水平，也强化了养育照护的专业指导，确保了服务的科学性和有效性。②服务模式多元化。随着家庭结构和需求的多样化，婴幼儿照护服务正向更灵活、更个性化的方向发展。全日托、半日托、计时托和临时托等多样化的服务模式，为不同工作模式和生活节奏的家庭提供了丰富的选择，以满足他们独特的照护需求。③质量与安全标准提升。婴幼儿的安全和健康是照护服务的首要考虑。未来的照护服务将更加重视服务质量的标准化和安全监管的严格化，通过建立和执行一系列严格的评估和监管机制，确保婴幼儿在照护过程中的安全与健康得到最大程度的保障。④普惠性服务发展。政策正推动普惠性婴幼儿照护服务的发展，以实现服务的普及和均等化。这不仅包括提供经济实惠的照护选项，也涵盖了对经济困难家庭的特别支持，确保每个婴幼儿都能享受到基本的照护服务。⑤科技融合。科技的进步为婴幼儿照护服务带来了革命性的变化。互联网、大数据、人工智能等技术的应用，不仅提高了照护服务的效率，也为婴幼儿的健康成长提供了更为精准的支持，如智能设备可进行远程健康监测，以及在线教育平台提供

的个性化育儿指导等。⑥专业化队伍建设。专业的婴幼儿照护人才是提供优质服务的关键。未来的婴幼儿照护服务将更加注重从业人员的专业发展，通过系统的专业培训和职业道德教育，提升服务人员的专业技能和服务质量，确保服务的专业性和可靠性。⑦社区化与家庭支持相结合。社区作为婴幼儿照护服务的重要平台，将发挥更加重要的作用。通过社区中心、邻里互助等多种形式，为家庭提供便捷、贴心的照护服务。同时，鼓励企业参与托育服务的提供，帮助员工更好地平衡工作与家庭生活，实现社会资源的优化配置。

未来挑战则包括以下几个方面：①供需矛盾不平衡。随着生育政策的放宽和公众对幼儿早期教育关注度的提高，家庭对于优质婴幼儿照护服务的需求不断上升。然而，现有的照护资源，尤其是优质的照护服务，往往难以满足迅速膨胀的市场需求。这种供需矛盾在大城市尤为突出，优质资源的稀缺导致许多家庭难以获得满意的服务。②成本与质量平衡。提供高质量的婴幼儿照护服务往往伴随着较高的成本，如何在不牺牲服务质量的前提下，控制服务价格，使之对普通家庭更友好，是行业发展的一大难题。这需要行业探索更高效的运营模式和成本控制策略，同时可能需要政府的财政支持和社会资本的投入。③人才短缺。专业婴幼儿照护人才的培养需要时间与资源的投入。目前，专业人才的短缺限制了服务的质量和供给能力。教育体系需加强对婴幼儿发展和照护相关专业的建设，提供更多实习和培训机会，以促进专业人才的成长和行业的健康发展。④标准化与个性化兼顾。标准化的服务流程和质量监管是确保婴幼儿照护服务安全性和可靠性的关键。然而，每个婴幼儿都是独特的个体，有着不同的需求和特点。照护服务需要在遵循标准化的基础上，提供个性化的关怀和教育方案，以满足每个婴幼儿的特殊需求。⑤监管难度。随着市场的扩大，监管的难度也在增加。确保所有托育服务机构都符合国家法规和标准，不仅需要政府部门的努力，也需要行业内部建立起自我监督和自我管理的机制。此外，家长和社会的监督也是提高监管效率的重要途径。⑥家庭与工作的平衡。对于许多父母来说，如何在繁忙的工作和家庭责任之间找到平衡点是一个持续的挑战。社会需要提供更多支持，如灵活的工作安排、远程工作选项以及紧急照护服务，帮助父母更好地应对这一挑战。⑦社会认知与支持。提高社会对婴幼儿照护重要性的认知是推动行业发展的关键。需要通过公共宣传、教育和政策倡导，提升公众对婴幼儿照护重要性的理解，鼓励社会各界参与和支持婴幼儿照护服务的发展，包括企业、社区组织和非政府组织。

第二节　0—3岁婴幼儿照护的实践建议

一、重视婴幼儿全面发展

婴幼儿期是生理、心理和社会能力全面发展的关键时期。照护人应关注抚养者应当留意婴幼儿在身体发育、动作技能、智力、语言、情感以及社会适应等多方面的成长。依照婴幼儿成长的自然规律，重视每个孩子的独特性和不同之处，不进行无谓的比较，防止急于求成。为婴幼儿提供丰富多样的玩具和材料，促进婴幼儿视觉、听觉、触觉等感官的发展。鼓励婴幼儿通过触摸、品尝、嗅闻等方式探索周围世界，激发好奇心和探索欲。利用日常生活中的场景进行语言交流，如描述正在做的事情、解释事物的名称等。

每天安排一段时间与婴幼儿一起阅读故事书，促进语言能力和想象力的发展。设计适合婴幼儿年龄特点的游戏活动，如爬行比赛、简单的舞蹈动作等。鼓励婴幼儿参与户外活动，如散步、玩沙等，以促进身体协调性和大肌肉群的力量。

二、注重婴幼儿的情感需求

通过日常互动建立起稳定的情感联结，为婴幼儿提供安全感，帮助他们形成健康的依恋关系。通过一致性和可预测的行为模式，让婴幼儿感到被爱和被尊重，从而培养出积极的信任感。对婴幼儿的情绪变化给予积极的关注和支持，通过肢体接触和言语鼓励来表达关爱。对婴幼儿的需求做出及时、恰当的反应，确保他们感受到被理解和被重视。

三、提供安全健康的环境

定期检查婴幼儿生活环境的安全性，排除潜在的危险因素，如尖锐的边角、易碎物品等。向婴幼儿传授基本的安全知识，如避免触碰热源、不随便捡食地上物品等。教育婴幼儿养成良好的个人卫生习惯，如饭前便后洗手、保持衣物整洁等。保持婴幼儿生活环境的清洁和整洁，定期消毒，减少疾病传播的风险。

四、应对特殊情境

针对有特殊需求的婴幼儿，制定个性化的照护计划，确保满足其特定的需求。寻求相关领域的专家咨询，如儿科医生、心理学家等，获取专业的指导和支持。确保每个孩子都能获得父母同等的关注和爱护，避免偏爱某个孩子而忽视其他孩子。尽量为每个孩子安排单独的时间，让他们感受到独特的关注和陪伴。

五、持续学习

婴幼儿照护者可以利用互联网资源参加有关婴幼儿发展、营养、健康等方面的在线课程和研讨会，阅读最新的婴幼儿照护和早期教育相关的专业书籍、期刊和研究报告。或加入当地的家庭支持小组、家长俱乐部等社区组织，与其他家长交流经验和心得。关注政府或权威机构如世界卫生组织、联合国儿童基金会等发布的育儿指南和建议。重点学习了解最新的婴幼儿发展理论，如心理社会发展理论、认知发展理论等。掌握疾病预防、急救知识、意外伤害应对等健康与安全相关的最新信息。学习婴幼儿营养需求的变化、辅食引入的最佳实践等知识。了解婴幼儿情绪表达的方式，学习如何进行积极的情感支持和行为引导。探索促进婴幼儿感官、认知、语言和社交技能发展的最新方法。熟悉特殊需求婴幼儿的评估、干预和支持的最新进展。婴幼儿照护实践过程中，家长可以定期回顾自己的育儿知识，确定哪些方面需要进一步学习或更新。与其他家长和照护者建立联系，共享学习资源，相互支持和激励。通过持续学习，婴幼儿照护者能够不断提升自己的专业知识和技能，更好地应对育儿过程中的各种挑战，同时也为婴幼儿提供最佳的成长环境和支持。

六、平衡工作与家庭

明确个人、家庭和工作的优先级，合理规划时间，确保有足够的时间投入到婴幼儿的照护中。利用碎片时间完成简单任务，如准备餐食、整理家务等，节省出更多时间陪伴婴幼儿。与雇主协商灵活安排工作，如远程工作、弹性工作时间等，以适应家庭需求的变化。确保自己有足够的休息和放松时间，保持良好的身心状态，以便更好地照顾婴幼儿。充分利用家庭成员的帮助，如祖父母可以在工作日帮忙照看婴幼儿。了解并利用社区提供的婴幼儿照护资源和服务，如亲子活动中心、临时托管服务等。

七、婴幼儿父母及照护者的自我照顾

在婴幼儿照护的复杂环境中，父母及照护者的自我照顾不仅是个人健康的保障，也是有效育儿与高质量家庭照护的基础。强调照护者自我关怀的重要性，需从多维度构建支持体系。首先，确保充足的休息与恢复时间对于维持照护者的身心健康至关重要。合理的作息时间安排，包括定期的休息间隔与夜间充足的睡眠，有助于缓解因持续照护产生的生理疲劳。鼓励照护者将自我照顾纳入日常生活规划，并将其视为与育儿任务同等重要的部分，从而避免过度消耗个人资源。其次，情绪管理与压力调节能力的培养是照护者自我关怀的核心。面对育儿过程中的挑战与压力，照护者应学会识别并有效应对负面情绪，如通过冥想、深呼吸等放松技巧来减轻焦虑与紧张。同时，积极寻求社会支持，如参与父母或照护者支持小组，分享经验、倾诉情感，这种同伴间的互助能有效增强心理韧性。同时，培养积极的生活态度与心理韧性也是关键。照护者应认识到育儿过程中的不完美是常态，接受并适应这种现实，以乐观的心态面对挑战。记录日常中的美好瞬间，培养感恩之心，有助于提升幸福感与满足感，进一步巩固心理健康。再次，保留个人空间与兴趣爱好是照护者自我实现的重要途径。在繁忙的育儿任务之余，为自己留出时间追求个人兴趣，不仅能够促进心理健康，还能丰富个人生活，增强自我效能感。最后，当自我调节能力不足以应对压力时，及时寻求专业心理咨询的支持是必要且明智的选择。专业人士能提供针对性的心理干预与指导，帮助照护者有效管理情绪，提升应对能力。

通过实施上述实践建议，婴幼儿照护者不仅能够提供更加专业、细致的照护服务，还能在快节奏的现代生活中找到平衡点，确保婴幼儿在身体、情感和认知等各个方面都能得到健康发展。这对于增进婴幼儿的整体福祉和长远发展至关重要。

附　录

对0—3岁婴幼儿父母的访谈提纲

尊敬的家长：

您好！今天的访谈主要是想和您聊一聊您在照护孩子过程中的一些体验和感受，了解您的育儿故事。本次访谈的资料只在研究过程中使用，希望您能说出自己真实的想法和看法，我们会对您的回答严格保密，敬请放心！为更好地记录访谈信息，我们将会对接下来的对话进行录音，您同意吗？如果没问题的话，我们就开始吧。

一、个人成长经历

1. 请介绍一下您从小到大的成长经历。

2. 可以介绍一下您和您爱人的恋爱和婚育经历吗？

二、婴幼儿照护体验与心路历程

1. 可以谈谈您的生育经历和婴幼儿照护的经历吗？孕吐反应如何？有做过胎教吗？是否顺产？喂养方式是怎么样的呢？母乳喂养了多久？是否有进行排泄训练？如何进行睡眠安排的？

2. 您的孩子是由谁来照顾的呢？是否有日常生活照料、早期教育、生活习惯养成和医疗保健等方面的需求？

3. 您是否获得过来自社区、政府、医疗机构和其他人员的托育支持和帮助呢？

4. 您是如何获取婴幼儿照护知识的呢？是否有通过网络、育儿 App，电子游戏等智慧化的虚拟形式育儿呢？使用感受如何？

5. 孩子的祖辈（爷爷奶奶、外公外婆）在你们的育儿过程中起到怎样的作用？是否存在分歧乃至冲突？

6. 您的配偶参与孩子教养的程度如何呢？你们是如何进行家庭事务的分工合作的呢？

7. 您是否有育儿压力和焦虑感？如果有，最主要的是体现在哪些方面？

8. 可以谈谈您的生育观吗？是否有生二胎或三胎的计划？为什么呢？

9. 您感觉能平衡家庭和工作吗?(如是全职妈妈,谈谈您的生活日常和对现状生活的感受?)

10. 您希望孩子将来成为怎样的人?过怎样的生活?拥有怎样的人生?

11. 您感觉过得幸福吗?您的小宝宝出生后,您的生活有发生什么变化吗?

12. 您的小宝宝在成长过程中有发生什么令您觉得难忘的事情吗?

后 记

写完《0—3 岁婴幼儿照护:理论、实践与社会支持》一书,心中感慨万千。在这部作品中,笔者深度探讨了婴幼儿早期照护这一关乎国家未来、家庭幸福的重要课题,它不仅是每一位父母必须面对的生活实践,更是社会与时代赋予我们的重大责任。

在我国当前的社会环境下,随着生育政策的调整和社会观念的变化,如何有效解决 0—3 岁婴幼儿的照护问题,已不再仅仅是家庭私域内的事情,而是关乎国家人口发展战略,关系到民生福祉与社会和谐稳定的重大议题。这不仅有助于降低生育和养育的成本,提升育龄夫妇的生育实现率,更是我们应对人口老龄化挑战、构建积极生育文化的有效途径。

本书通过丰富的案例、翔实的数据以及深入浅出的理论解析,勾勒出一幅生动而真实的婴幼儿照护画卷,揭示其背后所蕴含的科学育儿理念和人文关怀精神。在此过程中,笔者充分借鉴了学术界的前沿研究成果,力求使理论与实践相结合,为广大家长提供更具针对性和实用性的指导。

回首创作历程,深感婴幼儿照护工作的复杂性和重要性,也对那些在育儿路上默默付出、辛勤耕耘的父母们充满了敬意。他们的故事,既是对我们研究工作的有力支持,也是对全社会的一份深情呼唤:让我们共同携手,以科学的态度和人文的关怀,呵护每一棵幼苗茁壮成长,照亮每一对父母的心路。

愿此书能成为一座桥梁,连接起理论与实践,架设起专家与家长之间的沟通渠道,共同为我国婴幼儿照护事业的发展贡献力量,让每一个小生命都能在充满爱与智慧的环境中健康成长,也让每一位父母在这个过程中体验到无尽的喜悦与满足。未来的路还很长，让我们一起，用心陪伴，用爱浇灌，共同见证那一棵棵幼苗破土而出，直至长成参天大树的成长奇迹。

本书系浙江树人学院学术专著系列，由浙江树人学院专著出版基金和浙江省现代服务业研究中心学术专著出版基金资助出版。本书也是2022年度浙江省现代服务业研究中心开放基金项目“供需匹配视角下0—3岁婴幼儿托育服务效率及影响因素研究”（课题批准号：SXFJZ202204）阶段性研究成果、2022年度省教育厅一般科研项目“数字赋能助力浙江省智慧托育服务发展研究”（课题批准号：Y202250151）阶段性研究成果和2021年浙江树人学院校级科研计划（引进人才启动项目）“家政学视角下职业母亲主观幸福感研究”（课题批准号：2021R015）阶段性研究成果。

在撰写和完成这部书稿的过程中，我深感荣幸并满怀感激地向那些积极参与问卷调查和访谈的婴幼儿家长们表达由衷的谢意。正是他们宝贵的育儿经验和生动鲜活的故事，为本书注入了丰富的实践内涵与真实的生命力，使本研究得以深入实际，更具参考价值。本书从筹备到完稿将近3年的时间，当初参与访谈的婴幼儿们如今大多已步入了幼儿园阶段。在这段研究过程中，我们有幸陪伴并见证了他们的茁壮成长，这无疑是一件令人备感欣慰和喜悦的事。同时，我亦深情寄语这些天真烂漫的小宝贝们，愿他们沐浴在健康与快乐之中，幸福成长。

同时，我还要衷心感谢浙江树人学院各位领导和同事的鼎力支持与关怀。特别是现代服务业研究院执行院长朱红缨教授，在整个项目的研究与本书编纂过程中，朱教授以其卓越的专业素养、严谨的学术态度以及无私的付出，给予了我无比重要的指导与帮助。她的悉心教诲和坚定支持，如同寒冷冬日中的温暖炭火，为我驱散困惑，并照亮了我前行的道路，使得本书的创作能够克服重重困难，顺利完稿。

然而，由于个人水平所限，加之时间紧迫，尽管我全力以赴，但本书仍可能存在诸多不足之处。在此恳请广大读者朋友，尤其是专家同仁予以斧正,我将虚心接受并深感荣幸。唯有如此,才能使本书的质量得以不断提升,更好地服务于社会,回馈所有关心和支持我的人。再次对所有给予我帮助的人表示深深的感谢!

彭玮于上海

甲辰年秋